第七届世界草莓大会系列译文集－17

高品质草莓生产技术集锦

【韩】韩国草莓生产者代表组织　组编
张运涛　雷家军　段振国　主译校

中国农业出版社
北　京

图书在版编目（CIP）数据

高品质草莓生产技术集锦/韩国草莓生产者代表组织组编；张运涛，雷家军，段振国主译校．—北京：中国农业出版社，2019.12

ISBN 978-7-109-26140-2

Ⅰ.①高… Ⅱ.①韩… ②张… ③雷… ④段… Ⅲ.①草莓-果树园艺 Ⅳ.①S668.4

中国版本图书馆CIP数据核字（2019）第254854号

2016 년도 고품질 딸기 생산을 위한 집합순회교육 I（논산，담양）

(사)한국딸기생산자대표조직

中国农业出版社出版

地址：北京市朝阳区麦子店街18号楼

邮编：100125

责任编辑：张　利　李　蕊　王黎黎

版式设计：杜　然　　责任校对：刘丽香

印刷：北京通州皇家印刷厂

版次：2019年12月第1版

印次：2019年12月北京第1次印刷

发行：新华书店北京发行所

开本：787mm × 1092mm　1/16

印张：16.25

字数：441千字

定价：200.00元

预　祝

“第18届中国（济南）草莓文化旅游节暨首届亚洲草莓产业研讨会”

（2019年12月18～20日）

圆 满 成 功！

鸣　谢

感谢科技部国家重点研发计划“中欧草莓新品种合作研发与区域试验示范”（2016YFE0112400）资助！

感谢济南市十大农业特色产业科技创新团队及创新项目——草莓种质资源库建设及创新应用（济农财2019-26）资助！

感谢山东省济南市历城区人民政府对本次大会的支持和对本书出版的资助！

中国园艺学会草莓分会

2019年11月1日

品种国产化
苗木无毒化
果品安全化
销售品牌化
供应周年化
生产机械化

新时代中国草莓人的梦想!

中国园艺学会草莓分会

2019年11月1日

《第七届世界草莓大会系列译文集》编委会

译者序

草莓是多年生草本果树，是世界公认的“果中皇后”，因其色泽艳、营养高、风味浓、结果早、效益好而备受栽培者和消费者的青睐。我国各省、自治区、直辖市均有草莓种植，据不完全统计，2018年我国草莓种植面积已突破170 667公顷，总产量已突破500万吨，总产值已超过了700亿元，成为世界草莓生产和消费的第一大国。草莓产业已成为许多地区的支柱产业，在全国各地雨后春笋般地出现了许多草莓专业村、草莓乡（镇）、草莓县（市）。近几年来，北京的草莓产业发展迅猛，漫长冬季中，草莓的观光采摘已成为北京市民的一种时尚、一种文化，草莓业已成为北京现代都市型农业的“亮点”。随着我国经济的快速发展，人民生活水平的极大提高，市场对草莓的需求也将会进一步增大。2010年，“草莓产业技术研究与试验示范”被农业部列入草莓公益项目，对全面提升我国草莓产业的技术水平产生了巨大的推动作用。2011年，北京市科学技术委员会正式批准在北京市农林科学院成立“北京市草莓工程技术研究中心”，旨在以“中心”为平台，汇集国内外草莓专家，针对北京乃至全国草莓产业中的问题进行联合攻关，学习和践行“爱国、创新、包容、厚德”的“北京精神”，用“包容”的环境保障科技工作者更加自由地钻研探索；用“厚德”的精神构建和谐发展的科学氛围和良性竞争环境。

我们步入了新时代，中国草莓迎来了发展春天。国产品种京藏香、京桃香、白雪公主、宁玉、越心、艳丽等已成为许多地区的主栽品种；书香、红袖添香和越心等品种的草莓苗已出口到俄罗斯和乌兹别克斯坦；2017年我国出口速冻草莓7.8万吨，鲜草莓0.23万吨，草莓罐头1.38万吨，鲜草莓主要出口到俄罗斯和越南。河南一位叫孙庆红的青年农民种的草莓以360元/千克的价格出口到韩国。草莓产业是劳

动力密集型和技术密集型产业，也是我国农业中的优势产业。在“一带一路”倡议下，我国草莓产业将会有更大的发展空间，草莓助力“一带一路”，美味传到四面八方！中国的草莓产业前景美好。

同时，我们必须清醒地认识到，我国虽然是草莓大国，但还不是草莓强国。我国在草莓品种选育、无病毒苗木培育、病虫害综合治理及采后深加工等方面同美国、日本、法国、意大利等发达国家相比仍有很大的差距，这就要求我们全面落实科学发展观，虚心学习国内外的先进技术和经验，针对我国草莓产业中存在的问题，齐心协力、联合攻关，以实现中国草莓产业的全面升级。实现生产品种国产化、苗木生产无毒化、果品生产安全化、产品销售品牌化，这是两代中国草莓专业工作者的共同梦想，在社会各界的共同努力下，这个梦想在不久的将来一定会实现。

第七届世界草莓大会（中国·北京）已于2012年2月18～22日在北京圆满结束，受到世界各国友人的高度评价。为了学习国外先进的草莓技术和经验，加快草莓科学技术在我国的普及，在大会召开前夕已出版3种译文集的基础上，中国园艺学会草莓分会和北京市农林科学院组织有关专家将继续翻译出版一系列有关草莓育种、栽培技术、病虫害综合治理、采后加工和生物技术方面的专著。我们要博采众长，为我所用，使中国的草莓产业可持续健康发展。

《高品质草莓生产技术集锦》是韩国论山市农业技术中心研究员郑寺旭博士等为韩国莓农培训时的讲课资料，书中介绍了草莓花芽分化及管理技术、草莓无土栽培、草莓高品质稳产技术、ICT智能农场及自助金事业等内容，图文并茂，重点突出，有很高的参考价值，希望对中国草莓产业发展能起到推动作用。

中国园艺学会草莓分会理事长　张运涛　研究员

2019年11月1日

目　录

译者序

一、草莓花芽分化及管理技术 / 1

二、草莓无土栽培 / 51

三、草莓高品质稳定生产技术 / 171

四、ICT智能农场及自助金事业 / 239

一、草莓花芽分化及管理技术

论山市农业技术中心　**朴钟大**博士

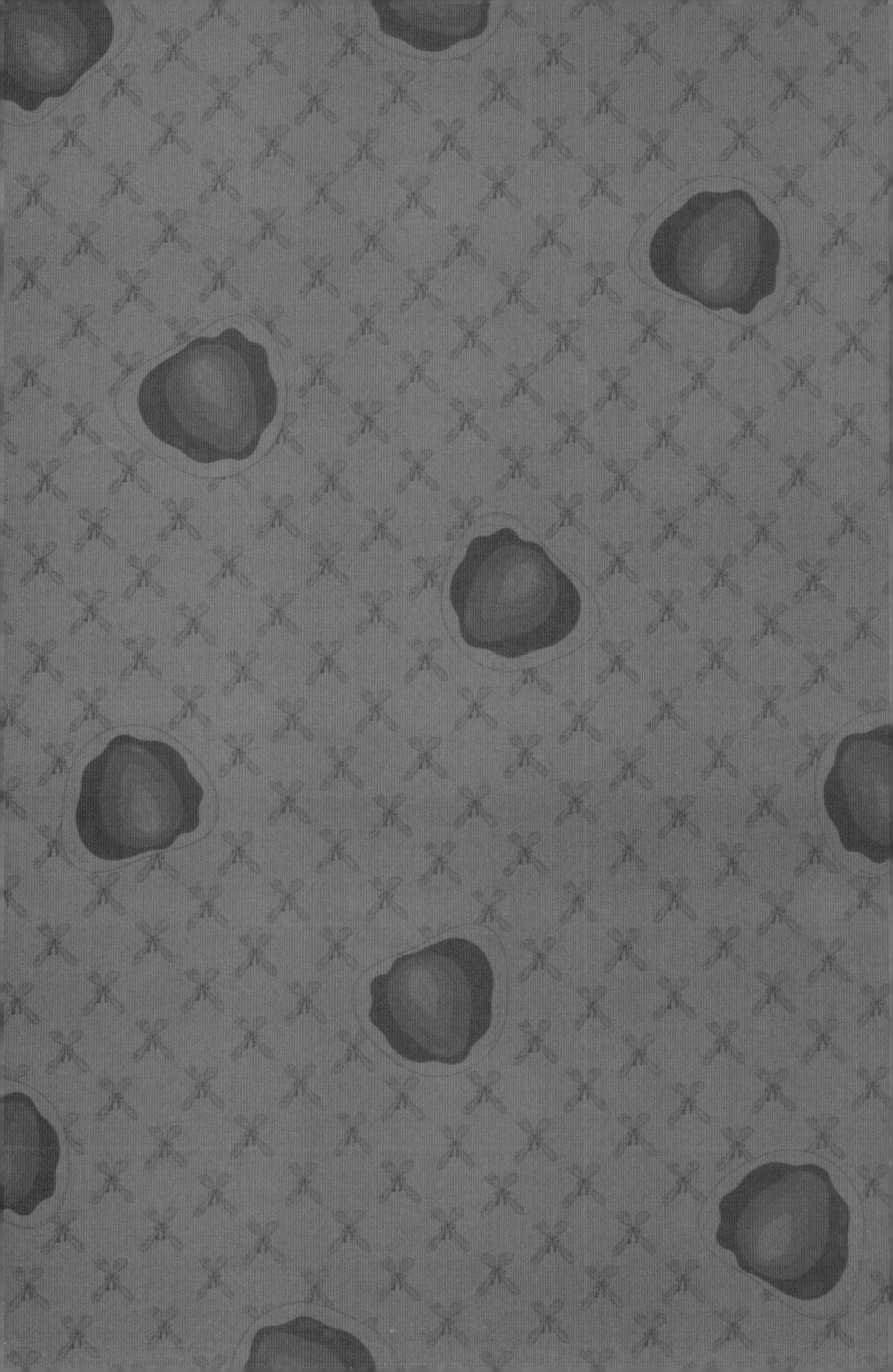

■ 花芽分化过程

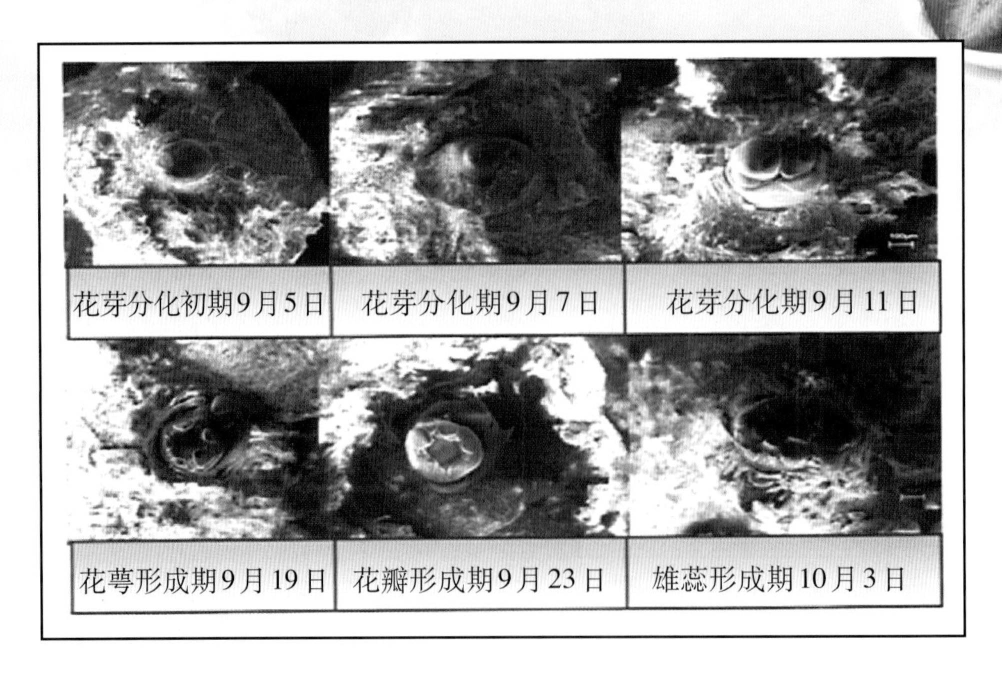

花芽分化初期9月5日	花芽分化期9月7日	花芽分化期9月11日
花萼形成期9月19日	花瓣形成期9月23日	雄蕊形成期10月3日

花芽分化初期——1期

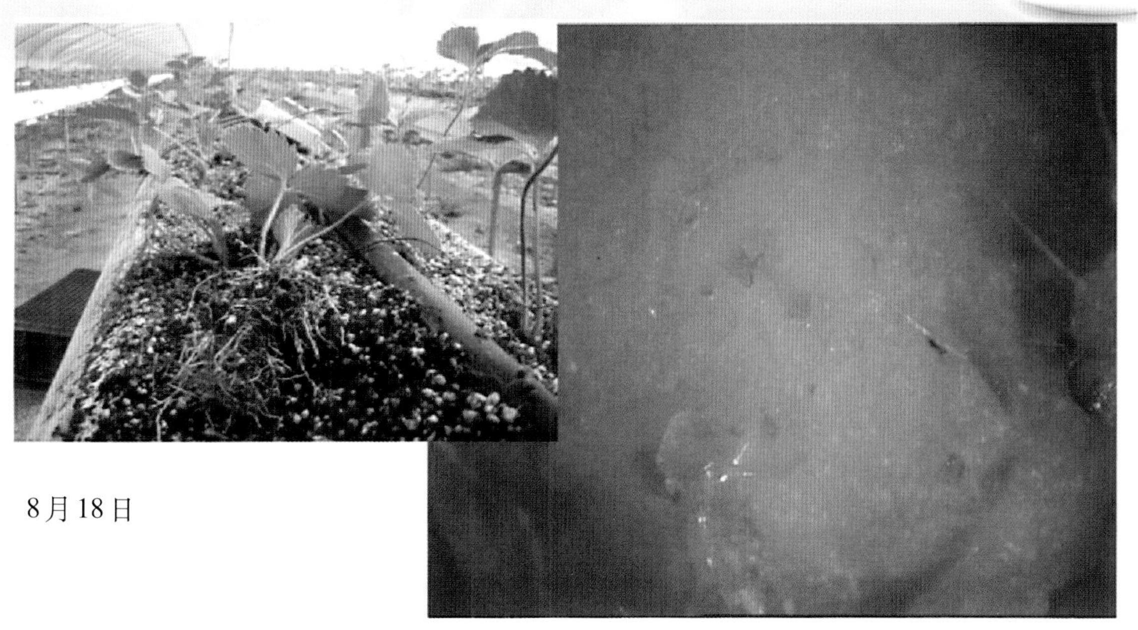

8月18日

花芽分化期——2、3期

9月10日

花芽分化期——3、4期

9月15日

■ 花芽分化

生成叶片的生长点形成花芽的状态

花芽分化因素：温度、日长、营养状态

促进花芽分化的因素：低温、短日、一定的苗龄、低氮、摘叶

花芽分化最佳温度10～25℃，最佳日长8小时

(1) 短日条件：8小时以内/天
- ○遮阳膜：80%安装
- ○遮阳膜（35%）：5月上旬至7月下旬

(2) 低温条件：（22～25）℃ ×25天
- ○平均温度范围气温10～25℃/天
- ○单一温度下分化不安全

(3) 中断氮素
- ○减少氮素：低温短日感受性
- ○花芽发育：需要氮成分

不同温度范围对花芽分化的影响

促进花芽分化的温度范围：10～25℃

对花芽分化没有效果的温度范围：5～10℃，25～30℃

阻碍花芽分化的温度范围：5℃以下，30℃以上

促进范围：10～25℃

没有效果的温度范围：5～10℃，25～30℃

阻碍范围：5℃以下，30℃以上

15～25℃ ：温度越低越有效果

10～15℃ ：无差异

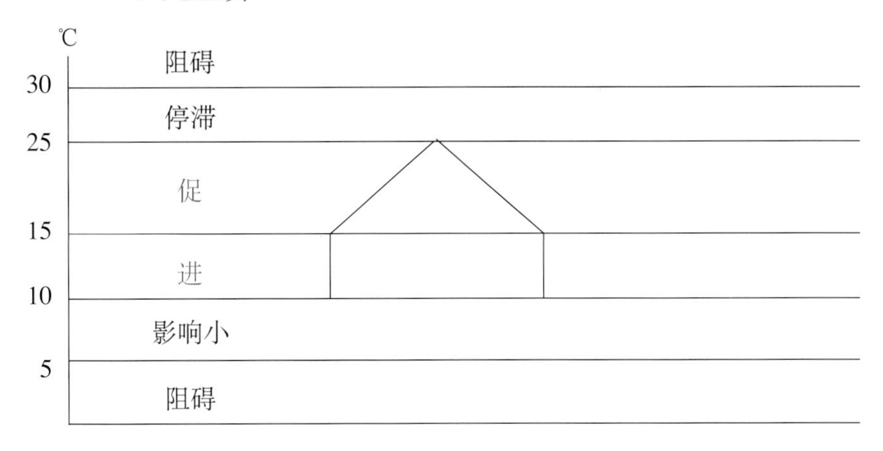

花芽分化7阶段

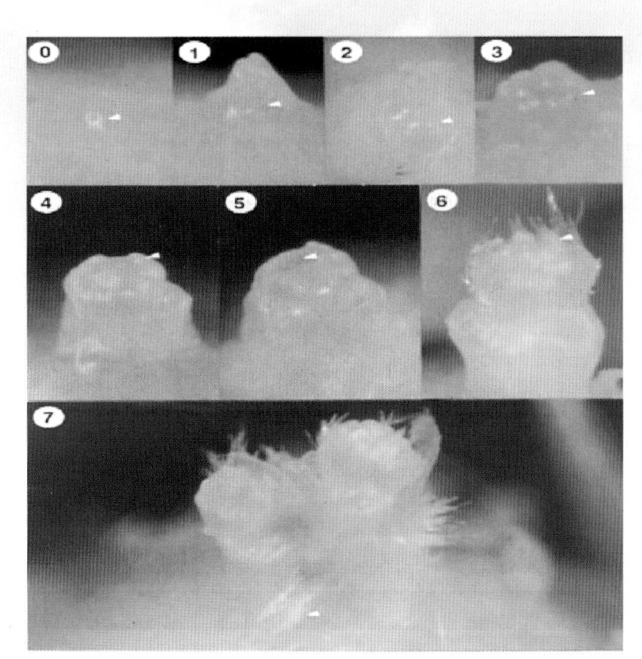

0. 未分化
1. 分化初期
2. 分化期（2天）
3. 花芽分化期（5天）
4. 花萼形成期（10天）/花瓣形成期（16天）
5. 雄蕊形成期（22天）
6. 雌蕊形成期（26天）
7. 腋花序分化期

在低温短日下促进

花序增加条件，花芽分化促进条件，花芽发育促进条件的比较

因素	促进花芽分化	促进花芽发育	增加花序
温度	低温	高温	低温
日长	短日	长日	短日
叶片数	少	多	多
体内氮的水平	低浓度	高浓度	高浓度

移植之后的摘叶对花芽的发育是阻碍因素，腋芽和匍匐茎的清除是有效的。

■ 花芽分化促进技术

强：主要用于超促成

夜冷育苗：白天露地状态自然光，夜13～15℃

冷水处理：低温（15～16℃）

中：高寒地区育苗（海拔800米以上）

弱：钵育苗

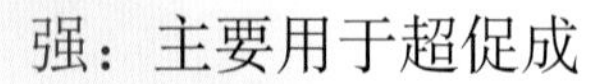

单根

遮光：8月中旬至9月上旬之间70%以上20天

短日处理：黑色塑料膜（0.05毫米以上）下午6时至翌日上午8时

中断氮

■ 移植时期的决定

花芽分化显微镜检查

— 时期：9月1～10日

— 体式显微镜（20～40倍）

— 花芽分析

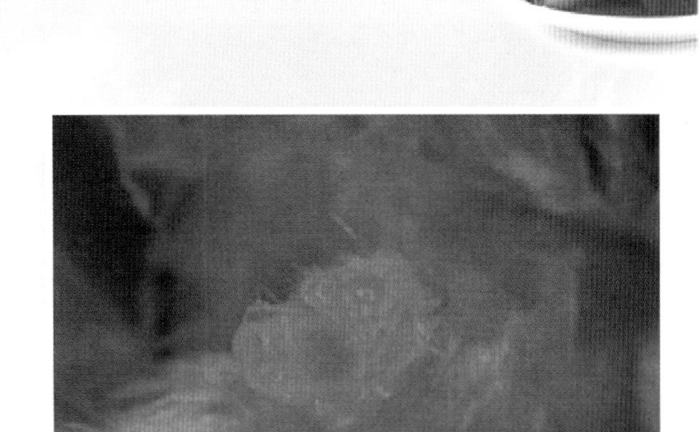

未分化苗的早期移植

— 发芽延迟：1～2月

花芽分化快慢顺序：

章姬 > 梅香 > 雪香 > 锦香 > 红珍珠

■ 移植时期短期低温储藏促进花芽分化

在10℃冷藏处理10天

（1）塑料袋中装入150株左右用于移植的苗

— 塑料袋密封后放入低温储藏室

— 装太多，会助长发热及发病

（2）利用塑料筐堆放会比较有效

（3）储藏10天左右，长期储藏会使活力下降

（4）在10℃以下，花芽分化无效果

移植苗

10℃冷藏

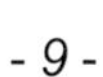

▣ 未分化苗的移植

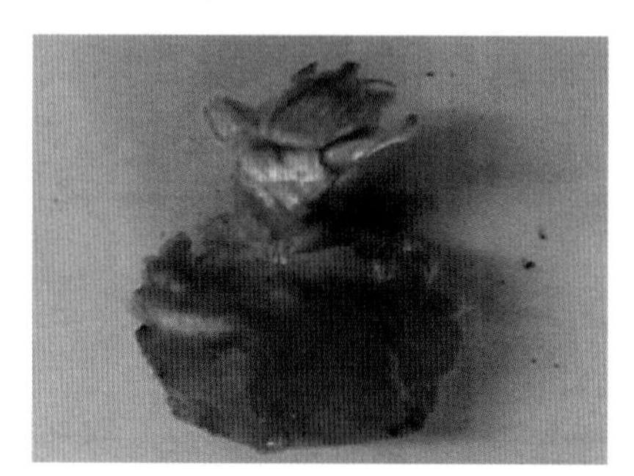

▣ 停芯现象

○ 内叶没有出来，停止的

○ 主要原因是育苗过程中停止了肥料供应

○ 花轴最多时能产生3个

▣ 移植

○ 促成、超促成栽培：花序分化后直接移植（根据育苗方法）

○ 半促成栽培：10月上中旬

○ 冷藏处理后移植（10℃，10天）

☆ 人工打破休眠：5℃以下，15～20天

☆ 促进花芽分化：10℃，10天左右

栽培方式	育苗方法	移植时期（月.日）	收获开始期
促成栽培（雪香）	钵+强制花芽分化	9.5～9.10	11月中下旬
	钵育苗	9.10～9.15	11月下旬
	断根育苗、露地育苗	9.15～9.20	12月上中旬

▣ 移植技术

○ 有机物+太阳能消毒（6～8月）

○ 7～10天做垄，完成后灌水

○ 安装30%遮阳膜（7～10天后清除遮阳）

○ 苗浸泡消毒后移植（注意三唑系统的矮化）

○ 移植后到10中旬为止进行凉爽管理（第2花序分化）

○ 10月上旬覆盖

○ 栽植距离：株间距18厘米（建议）

株间距离（厘米）	1 000米^{2}栽植密度（株）	果实数（个/株）	果重（克）	1 000米^{2}商品数量（千克）
18	8 300	25.6	18.2	3 865
15	10 000	22.8	17.7	4 058
12	12 500	19.6	16.9	4 163

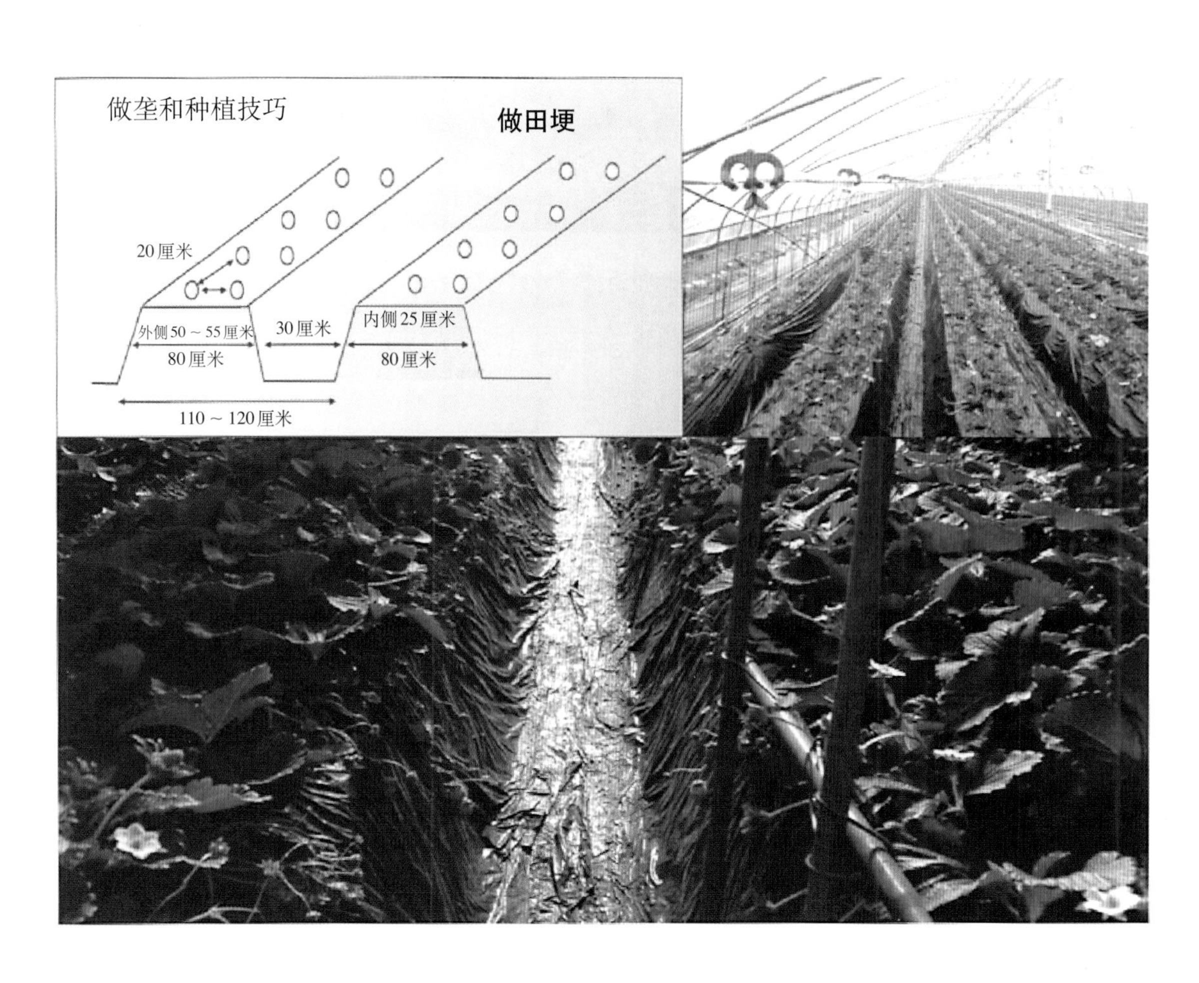
做垄和种植技巧
做田埂
20厘米
外侧50～55厘米
30厘米
内侧25厘米
80厘米
80厘米
110～120厘米

一般的移植方法

移植时有无去除床土

区分	收获日（月.日）		商品数量（克／株）	
	第1花序	第2花序	11～12月	1～4月
未去除	11.10	2.7	156	325
去除	11.13	1.16	133	394

■ 移植深度

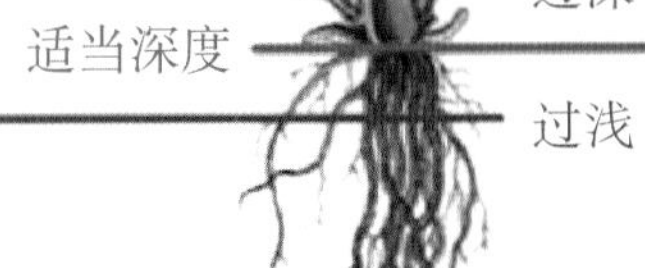

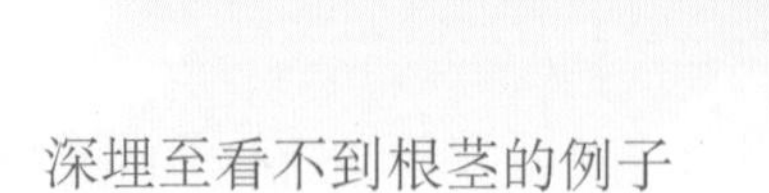

深埋至看不到根茎的例子

没有深埋的例子

▣ 覆盖时期和连续发芽的关系

覆盖时期：移植后1个月（10月上中旬）
— 根部成活后覆盖
— 主花序发芽：5%左右
(发芽期之前完成)
早期覆盖（移植后1周内）
— 气温、地温上升，第2花序分化延迟
— 感染炭疽病、枯萎病等
— 成为病虫害发病的温床

▣ 2013.10.02

■ 2013.10.02

■ 2013.10.16

移植后管理

根部成活（扎根）：移植后1周内

遮光膜维持1周（促进花芽分化，防止高温）

移植后密封大棚时，注意不要发生未分化苗

禁止营养管理（10月初以后追肥）

不要让根茎干枯（生成1次根之后，与土壤的牵引有关）

必须更换塑料

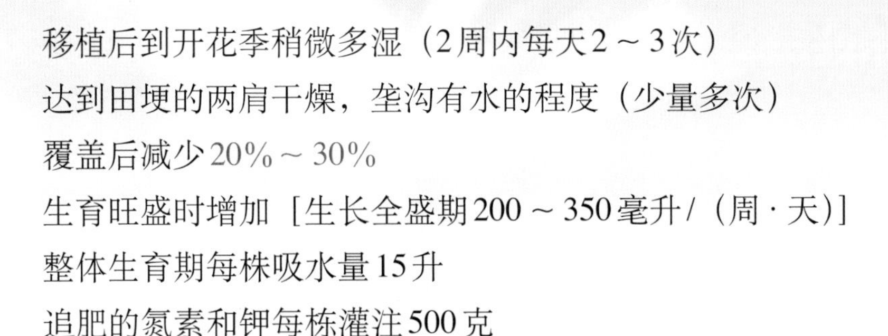

▣ 灌水及施肥

移植后到开花季稍微多湿（2周内每天2～3次）

达到田埂的两肩干燥，垄沟有水的程度（少量多次）

覆盖后减少20%～30%

生育旺盛时增加［生长全盛期200～350毫升/（周·天）］

整体生育期每株吸水量15升

追肥的氮素和钾每栋灌注500克

■ 不同供液下，雪香草莓的根部发育情况

■ 根部的特性

- 根茎部位的叶柄表面上生成1次根→生长，分枝→形成侧根→侧根上生成须根，吸收营养和水分
- 分布于地下20～30厘米范围内（浅根性），寿命是50～60天
- 支撑植物体及养分的吸收储藏功能
- 单宁含量高，因此容易褐变，氧气需求多
- 耐肥能力弱（土壤EC1.0～1.2以下）
  — 高浓度下会缩短根部的寿命
- 只有1次根生成部位的水分充足才能促成根部的生成

雪香不同EC浓度的肥料吸收率

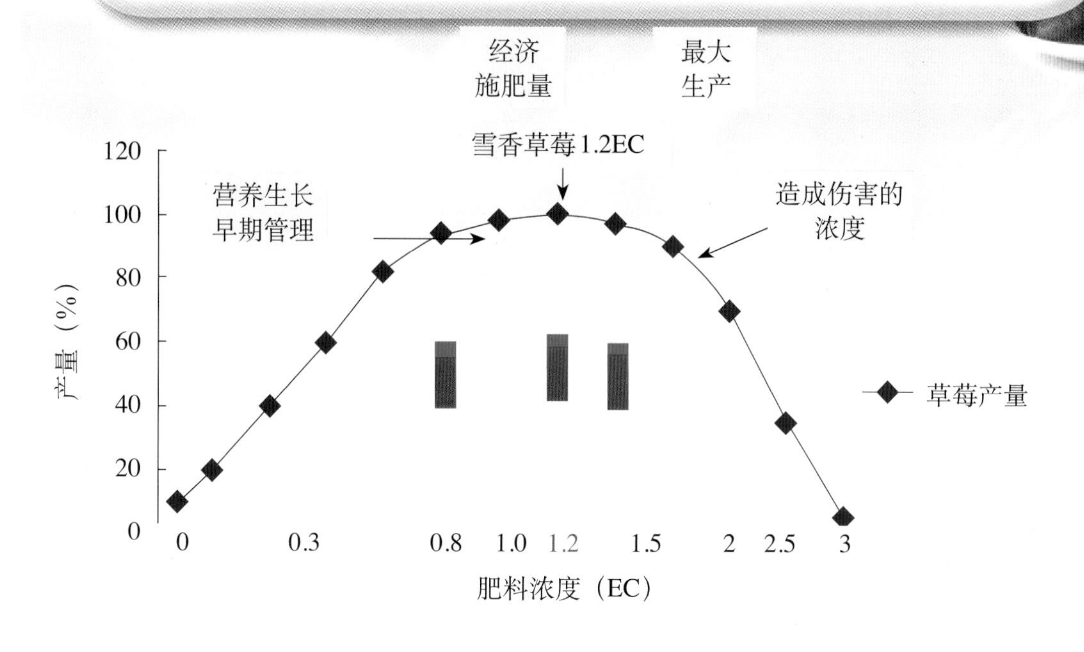

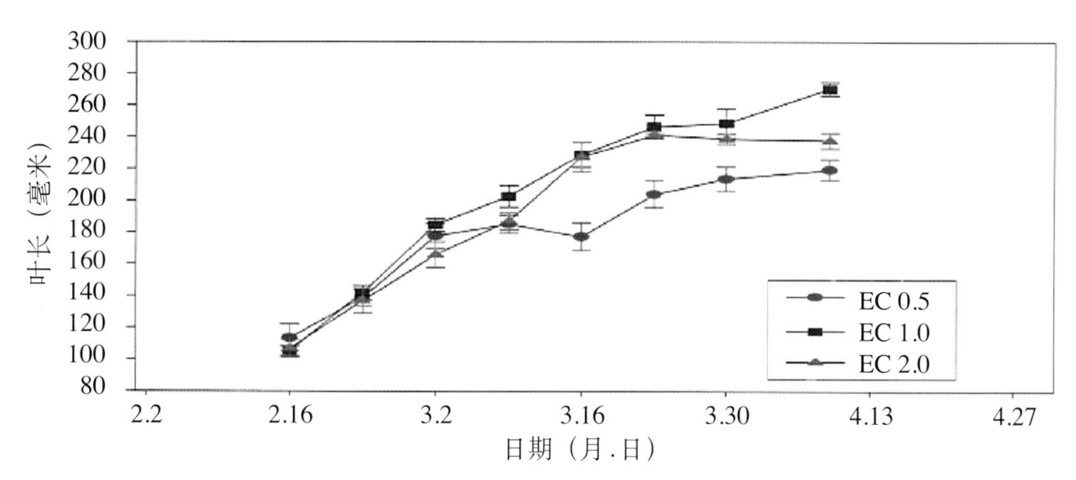

供液浓度的差异造成的草莓（雪香）叶长变化

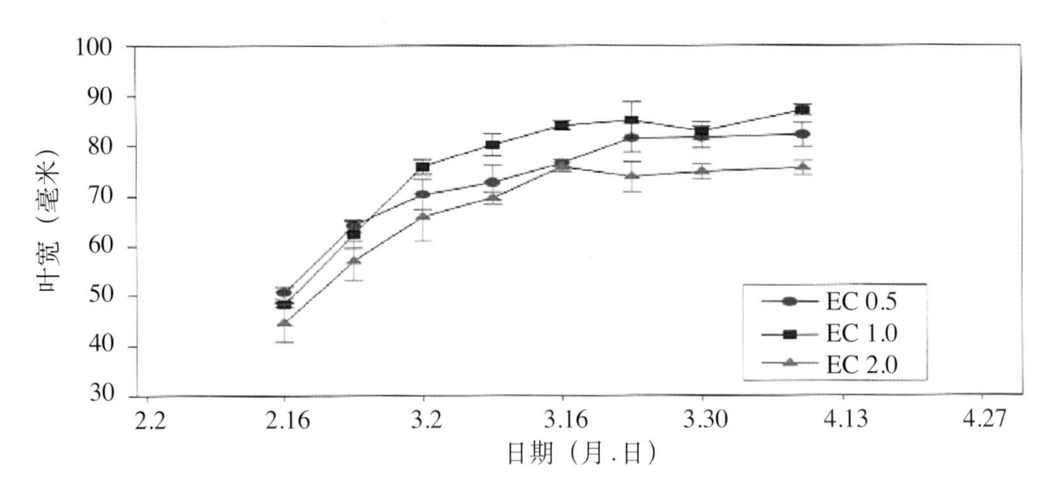

供液浓度的差异造成的草莓（雪香）叶宽变化

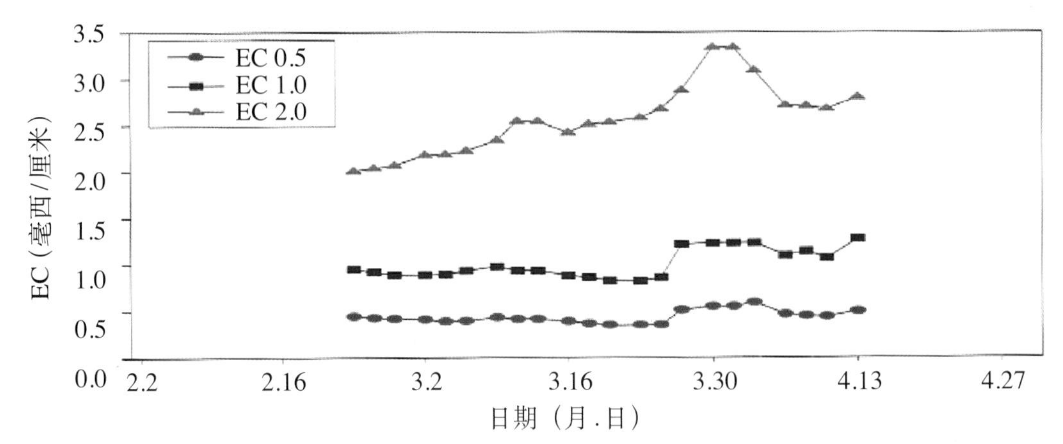

供液浓度的差异造成的草莓（雪香）地下部分生育变化（权河俊，2019）

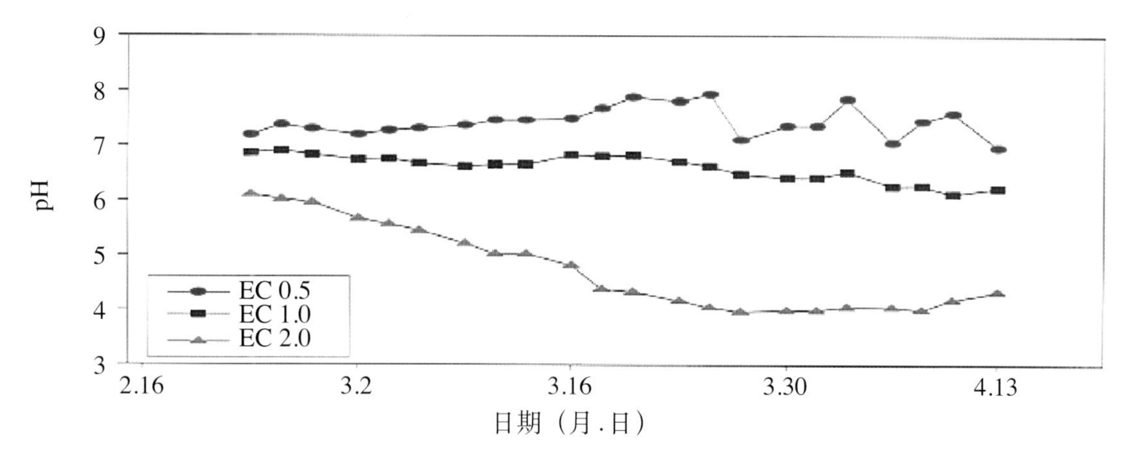

供液浓度的差异造成的草莓（雪香）地下部部分生育变化（权河俊，2019）

■ 草莓根部的生育特性

根部从移植后开始发育，收获初期为最高点

低温短日条件下发育程度：地下部位>地上部位

坐果后光合产物的分配量：果实>根部和根茎

期待根部健全的生育和果实的膨大，连续发芽：需要摘花茎

花序膨大期

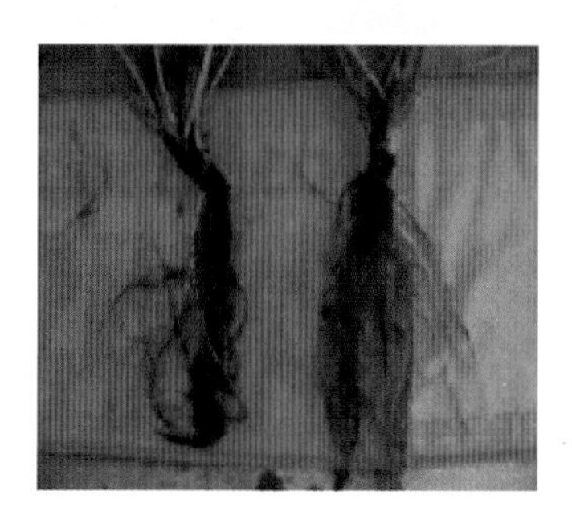

花序膨大期

花序膨大期

根部（根际）温度管理

根际的温度影响营养和水分的吸收

○ 根部温度高

— 因为根部的生长速度加快，促进老化

— 细长且分枝多，茎部和叶片变长

— 温度高增加根部的呼吸，减少溶解氧气

○ 根部温度低

根部粗长且分枝少，茎部变短

○ 适宜及极限温度：低温极限8℃，高温极限23℃

适宜温度：17～18℃

○ 适宜营养和水分吸收的温度：17～21℃

（根际）不同温度下的根部生理

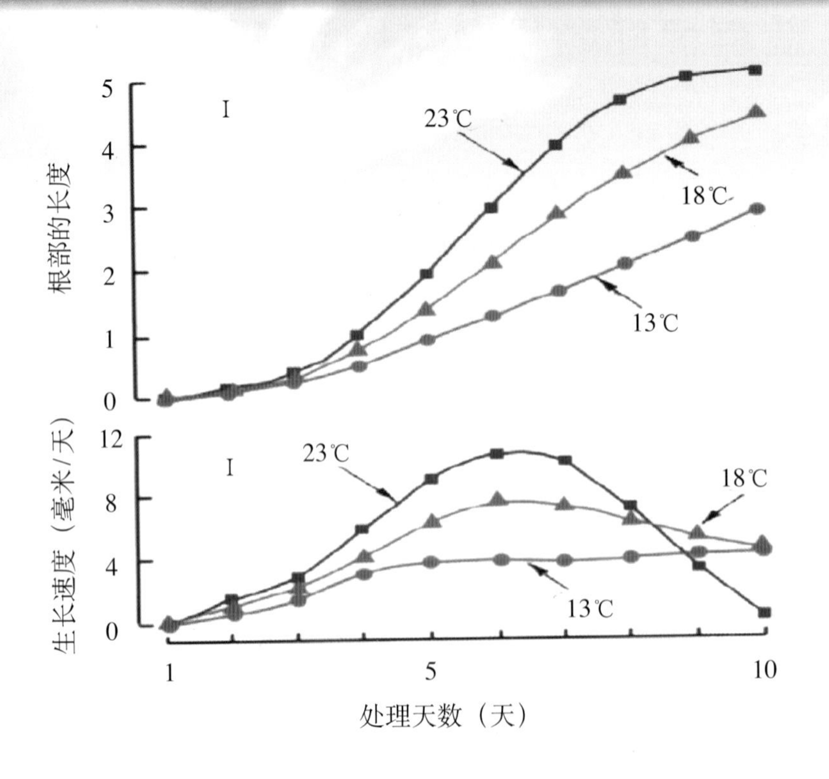

■ 保温开始到第2花序收获全盛期为止的光合作用产物分配

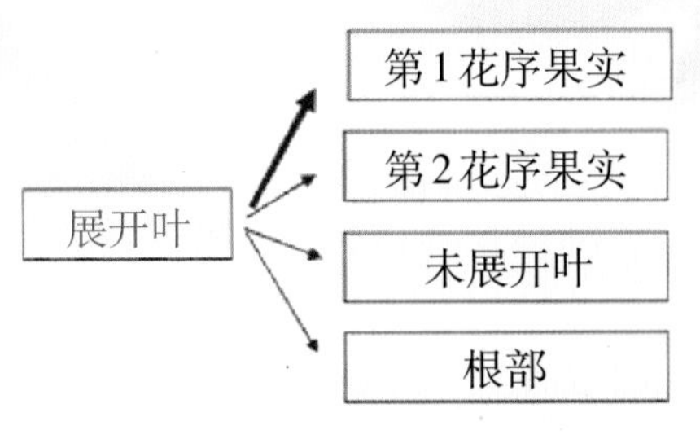

保温开始到第1花序收获初期

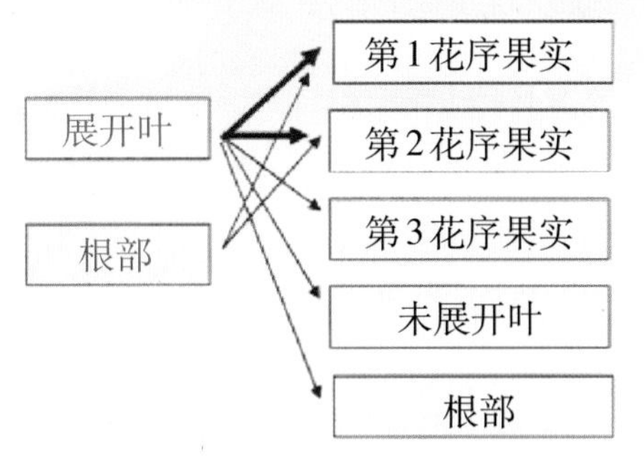

第1花序开始到第2花序收获初期

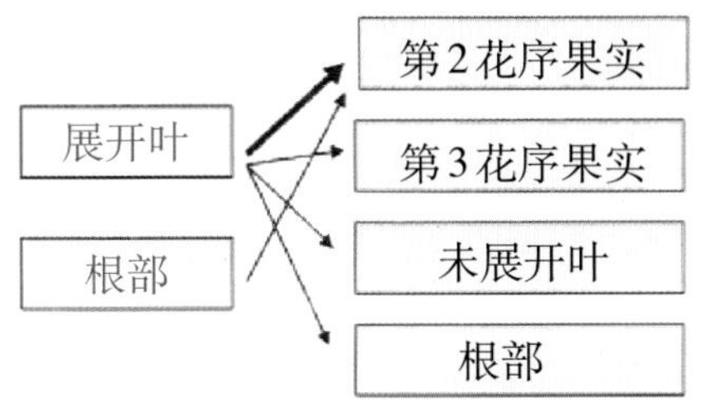

第2花序收获全盛期

■ 叶片的特性

- 3片小叶形成1片叶子，第6片叶子与第1片叶子重叠
- 侧芽或生长点（发生在根茎部位）
- 1片叶展开时需8天（20℃），冬天需要10～15天
- 每年展开20～30片叶，完全展开需2～3周
- 发生30～40天时光合作用能力达到最高值
- 50天以后老化，寿命80天

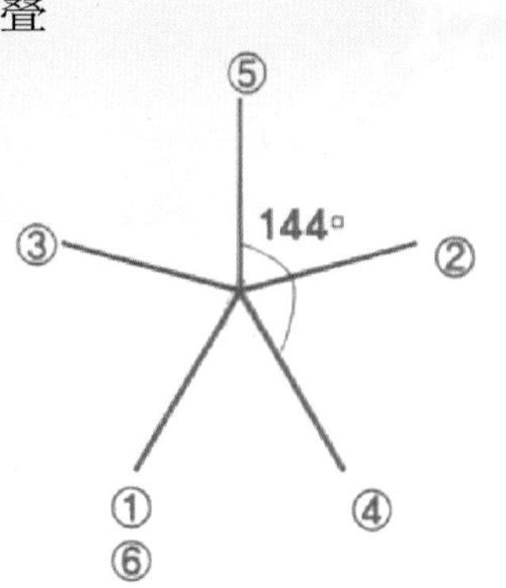

*叶片管理的核心：只摘除老化的叶片

促进生根和根茎变粗

叶子的着生位置

■ 摘叶

○ 花序出现确保5～6枚叶片，开花期确保6～7枚叶片，结果期确保7～8枚叶片

○ 老叶、病叶每次摘除1～2片

○ 在促成栽培，最初的下叶切除在发芽之前

○ 12月至翌年2月摘叶时，除了老叶、患病叶之外，禁止摘除其他叶片

○ 3月为了确保采光量进行摘叶

■ 无摘叶和草莓的叶片、根部和花序等的反应

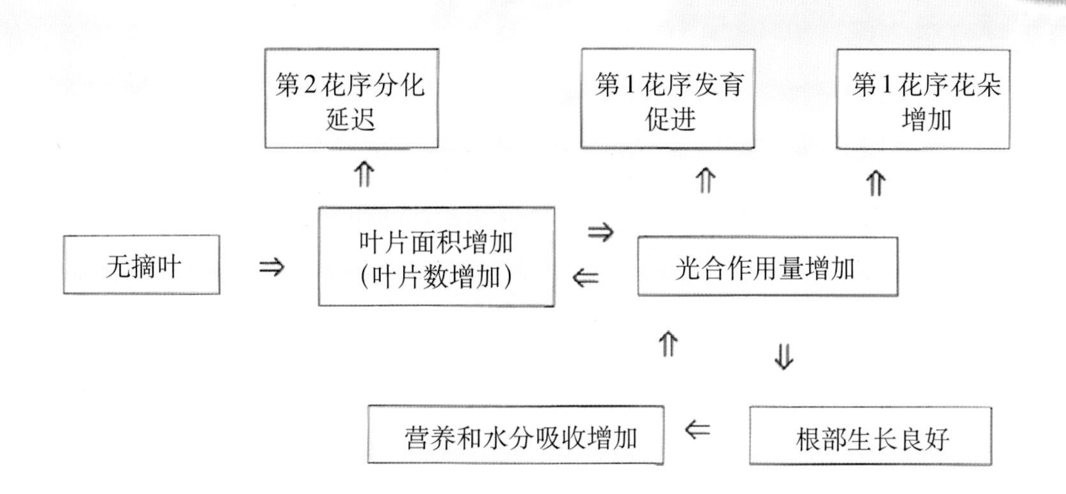

■ 强摘叶和草莓叶片、根部、花序等的反应

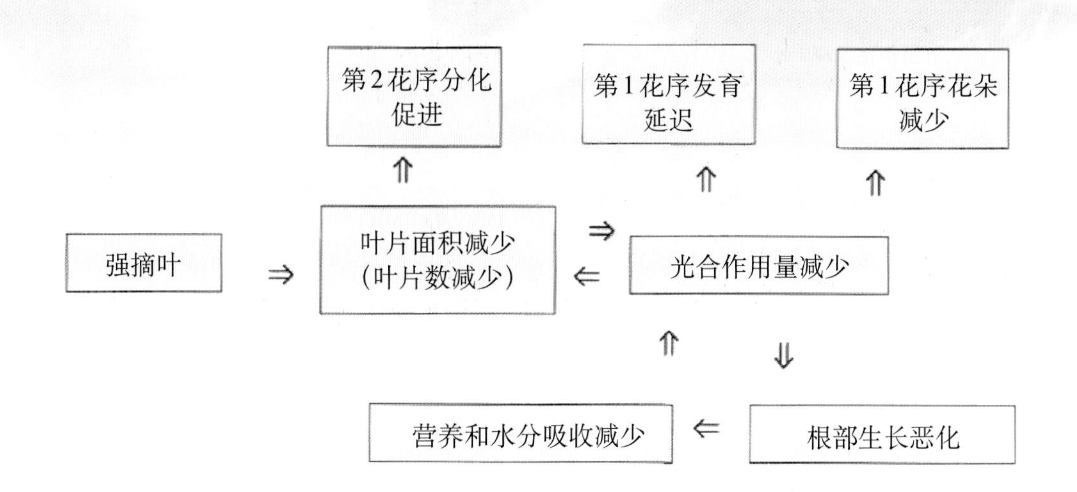

▣ 花序分化

○ 第1花序不会引导第2花序的分化

○ 第1花序和第2花序各自于不同的低温和短日分化

○ 延迟第2花序分化的条件

— 基于早期移植的高温

— 高浓度的氮素

— 无摘叶

○ 第2花序分化延迟助长第1至第2花序间的间隔期

○ 腋芽的叶片数多会造成分化延迟

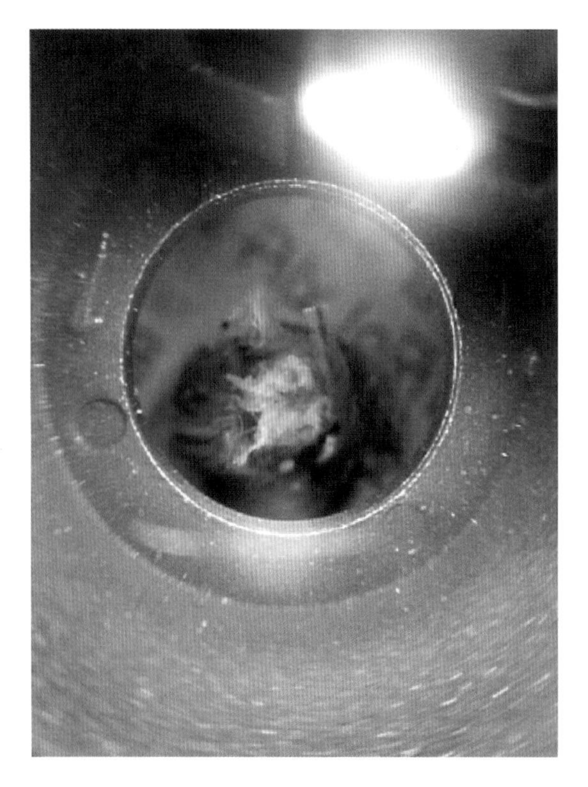

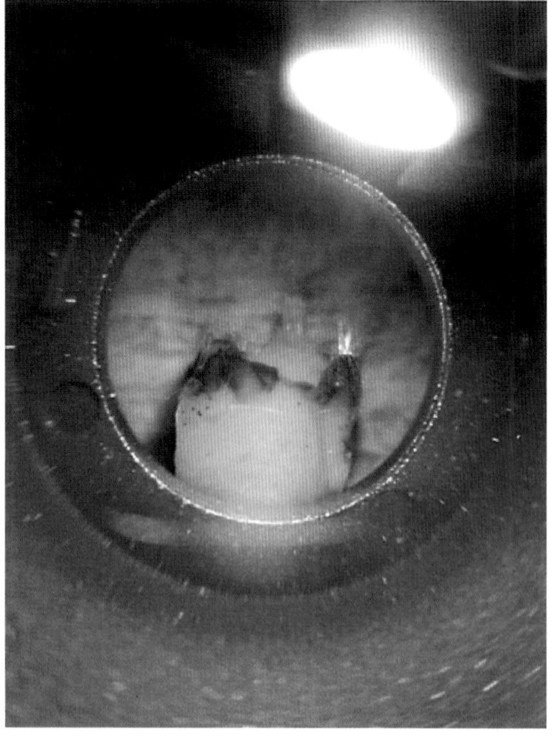

▣ 植株疲劳现象

○ 症状：生育不振→矮化
　　　　长势弱→花序延迟、出现弱花序
　　　　营养障碍→磷酸、钙不足

○ 原因：坐果负担，低地温、低光合作用→根部损失

○ 对策：解决坐果负担→摘花
　　　　营养供应→有机液体肥料（氨基酸等）灌注

▣ 摘花及摘果

○ 生产商品果（大果），增加产量

○ 清除第1花序变形1号果（雪香1号花容易变形）

○ 畸形果早期清除

○ 根据长势留下5～7个果，剩余的疏除

○ 以3～4号花为对象，清除小花

○ 第2花序出现时，1号果清除，清除收获结束的1号花轴

　*每1叶坐果能力：1.5～2颗

■ 摘花

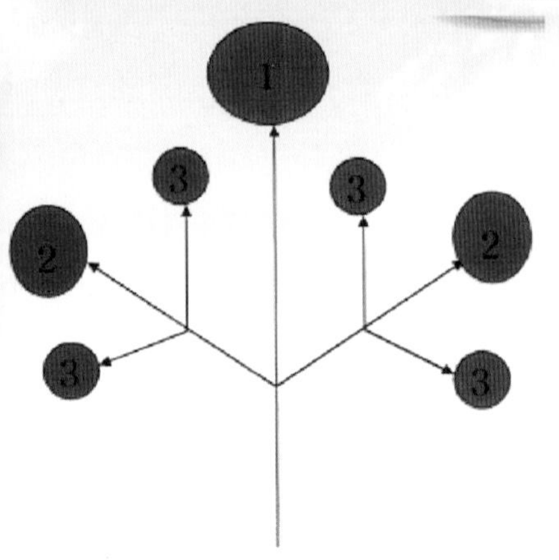

①→②→③→④→⑤……的顺序逐渐变成小果

④以后的花蕾进行摘除

第1花序以7颗为目标进行摘花，第2花序5颗，第3花序3颗

■ 摘花

■ 草莓促成栽培中根部的变化

① 11月30日（开花全盛期）

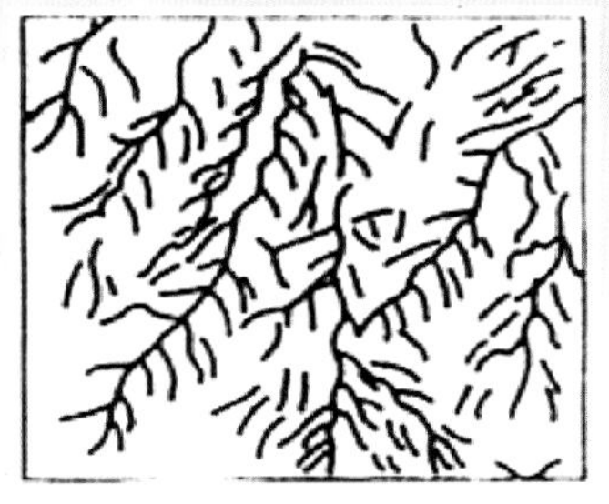

② 12月22日（收获初期）

③1月29日（收获全盛期）

④3月16日（第2期开花初期）

注：移植9月20日，保温开始10月22日，灯光处理11月1日开始至翌年3月。

■ 草莓坐果数不同时的根部变化

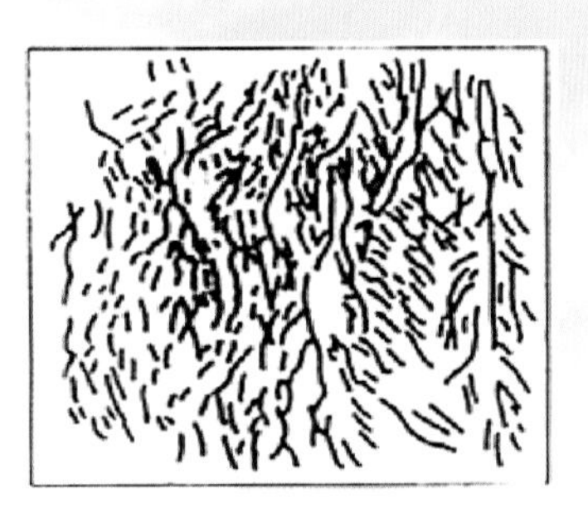

坐果0颗

坐果5颗

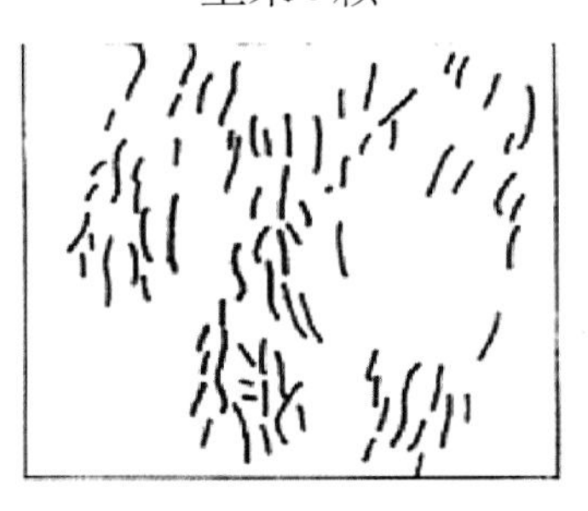

坐果10颗

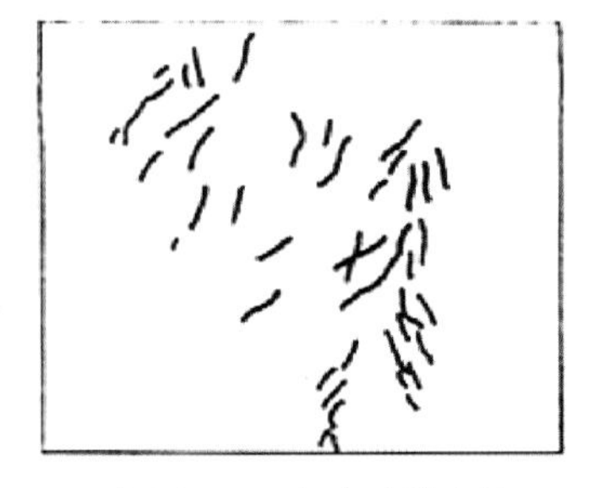

坐果20颗（无摘果）

<根据坐果数量根发生量减少>

<根据坐果数量根发生量减少>

■ 腋芽清除

- 主花序分化后发生
- 11月中旬（开花时）为止清除腋芽
- 留下顶部下面的1～2个进行栽培
- 腋芽多会产生小果实

■ 保温

○ 第2花序分化后进入休眠前进行保温（无休眠栽培）

○ 夜间温度下降到10℃以下的10月中下旬开始保温

○ 保温时期过早会造成第2花序分化延迟→发生收获中间断档现象

○ 保温时期过晚会造成突然进入休眠、生育不振、收获延迟、第1和第2花序相互竞争

○ 昼间：15～25℃。夜间：春秋10 ℃以上，冬季6℃以上

■ 移植时期及保温开始期

育苗方法	移植时期（月．日）	保温开始期（月．日）
露地育苗	9.20	10.20～10.25
断根育苗	9.15	10.15～10.20
钵育苗	9.10	10.10～10.15

促成栽培大棚温度管理标准

生育阶段	昼间（℃）	夜间（℃）	备注
保温开始之后	28～30	12～15	◉ 移植之后：低温管理　遮光膜安装
发芽期	26～27	10	◉ 保温初期是腋花序分化期
开花期	25	10	不要超过昼间30℃以上、夜间12℃以下的范围
果实膨大期	25	6～8	◉ 地温按18～21℃进行管理
收获期	25	6～7	◉ 果实膨大期、收获期夜间温度按6～8℃管理

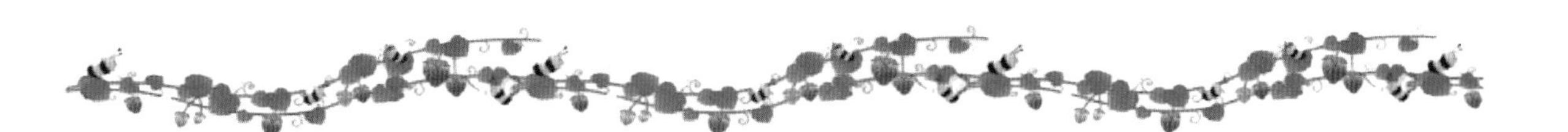

▣ 保温及取暖

■ 保温及取暖

■ 溢液现象

○ 体内的水分排出，结成水滴的现象

○ 在叶片的水孔发生

○ 如果根部有伤，就不会发生

○ 大棚干燥，不会发生

■ 搬入蜂箱

10%以上开花时搬入

10 000只（1箱）（1 000米^2）

18～22℃最为活跃

14℃以下时活动钝化

25℃以上飞向顶棚

需要确认有无蜜蜂访问

— 黄色花粉掉落在覆盖膜上面

— 雌蕊为黄色，没有褐变

— 确认有无草莓排泄物

现场分析案例

底面灌水苗移植，都中叶会长大棚

CO_2发生器，上午750～850微升/升

都中叶会长大棚的湿度调节及对流

用于调整内部湿度和温度的排风扇

喷水软管难以控制水量，移植后会助
长炭疽病发生，会造成大棚湿度过高

灌水方法——根部无法呼吸就会死掉
□ 水管理技巧，垄沟有水就停
□ 稍微干燥 → 糖度、酸度高的高品质（灌水时间点）
□ 田埂两肩要干燥
□ 覆盖后要减少20%～30%
□ 生育变得旺盛就增加灌水量

盘式过滤器
因过滤器堵塞水量减少

因灌水设施盐类的累积发生堵塞。滴水软管不良，园艺用微生物，包括钙、复合营养剂投入后未清洗，渐进式盐类累积

★为了防止炭疽病，盲目喷洒药剂造成的伤害

★在叶片的背面和果实的表面出现损坏，据说用灌注的方式喷洒在根部周围会防治炭疽病

供液量不足时，缺少微量元素
连栋大棚湿度高

★营养液供应不足造成的微量元素缺少现象
→通过增加营养液解决

★ 连栋大棚湿度高
夜晚高，上午尽快将湿度调低

★ 为了预防温室粉虱、蕈蚊、蛾子类等害虫，在下水口放粘胶

★捕获温室粉虱、蕈蚊→喷洒了适用的药剂

★移植苗的质量低（炭疽病、枯萎病、萎黄病等严重）（浆果的同伴）

★ 因为早期移植和早期覆盖，土壤温度上升，加重了病情

安装使用了地下水综合净水器后，因为过度净化，反而对农作物的生育造成了影响

记录温湿度测量数据

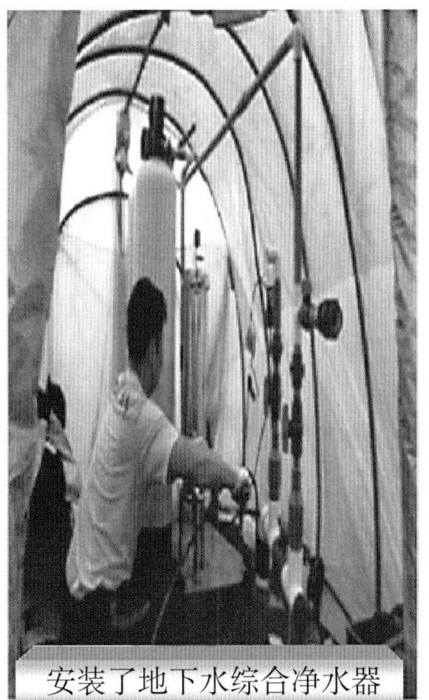

安装了地下水综合净水器

地下水综合净水器

铝空心砖保温

铝保温砖节能
比3重塑料膜上升3～5℃
탑과채프로
농촌진흥청

1.无法管理湿度
2.病虫害的栖息地
3.灰霉病的乐园
4.地温下降（3.8℃）

比效分析	一般土壤	杂草生成	黑色覆盖（PP膜）	银箔
地温上升	正常温度上升	与一般土壤相比低3.8℃	与一般土壤相似（−0.3℃）	隔断地温上升
管理	杂草生成	病虫害、过湿	地温上升、可调整透湿、清洁	清洁

没有塑料覆盖很难控制湿度，冬季
难以提升根际的温度
上午，因草莓叶片表面的结露和湿度上升，加重灰霉病

过度灯光照射造成了过多的匍匐茎

过度喷洒三唑类药剂时，
发生严重的戊唑醇矮化
正常
发育不良

■ 喷洒三唑类药剂后矮化

底座消毒不良造成的蕈蚊和炭疽病多发

火灾引起的高架底座烧毁

药剂造成的果实伤害

膨大剂+微生物+杀菌剂

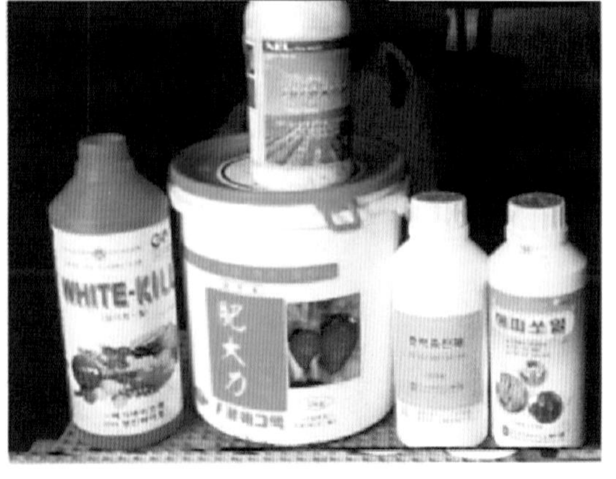

发生药剂伤害时使用的制剂

膨大剂+微生物+杀菌剂

9月下旬大棚草莓因盐类造成的伤害

气体（一氧化碳、二氧化硫）造成的褐变
使用低价不良的辅助取暖器（大炮形状）
过度使用取热/二氧化碳兼容机会产生负面效果

气体（一氧化碳、二氧化硫）造成的褐变

发生了褐变

因过度燃烧酒精发生的褐变

原因：据推测，酒精虽然不会带来直接损害，但在大棚内燃烧时会造成氧气不足，这是在氧气枯竭时，在土壤耕作时由亚硝酸（NO_2）气体引起的伤害症状

■ 二氧化碳的使用

- 促进光合作用
- 增进生育，增加数量
- 促进果实的膨大和着色
- 增加糖度、提升品质
- 抑制病虫害的发生

无处理　　　CO_2处理

着色开始后7天

■ 二氧化碳使用方法

- 大气中的二氧化碳浓度：350微升/升
- 上午换气前，设施内的二氧化碳浓度：50～150微升/升
- 试用浓度：在1 500微升/升范围内与增加量成正比
- 日出后30分钟至1小时后开始到换气时的2～3小时
- 11月中下旬（果实膨大开始期）至翌年3月末

■ 二氧化碳施肥种类

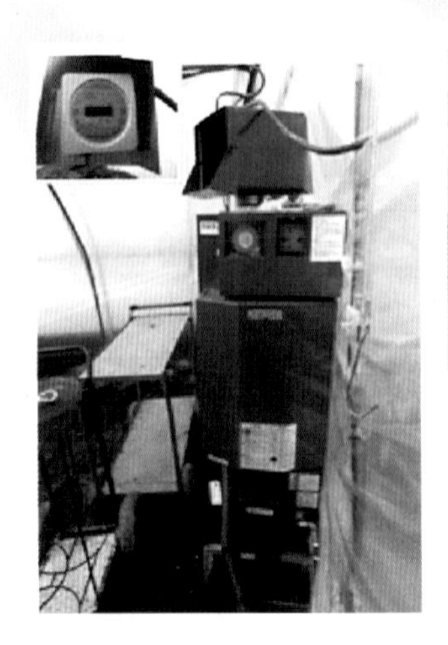

二、草莓无土栽培

论山市农业技术中心 **郑寺旭**博士

本教材是适合于论山地区草莓高架栽培（无土栽培）的基本教材，为了通俗易懂，使用了实物照片的形式。以最近的草莓相关教材和番茄无土栽培相关教材及雪香、梅香草莓领域研究及实证资料等200多篇和数千次的现场分析为基础，以现场适用为主进行了编制。

但是，农业没有正确答案。实证和实验资料在导入到现场操作时，会存在一定的失误，各处农户、各地的栽培方法和技术多种多样。所以，以多种实证分析资料为基础，以可适用于论山市标准现场的技术为中心进行了编制。

本资料基于论山市大部分农户选择的高架草莓栽培设施进行了编制。床土采用混合床土形态的较多，大部分使用泡沫塑料容器，以主要栽培品种雪香为主进行了编制。但，如果品种和栽培形式、床土和地域不同时，技术适用也有可能不同。

（一）草莓无土栽培基础

1.无土栽培导入背景

草莓高架无土栽培形式

（1）栽培形式

使用了多种多样的人工床土而非土壤进行栽培

（2）栽培位置

根据底座安装高度，分为高架栽培和低架栽培

（3）施肥

根据生育阶段，供应有水肥料概念的营养液

（4）前提条件

原水水质造成的制约条件（必须进行水质分析）——是否含有使水质不达标的碳酸氢根、钠、铁、氯、锰等

无土栽培的必要性和目的

○ 长期连作带来的土壤盐类的累积
○ 农村人口老龄化带来的劳动力短缺
○ 将农业转换为第6产业（草莓收获体验等）
○ 转换有限土壤的利用率
○ 通过劳动生产效率的提升，替代不足的劳动力
○ 通过稳定的生产，改善农户的经营结构
○ 基于时代流行的农户收入多样化

无土栽培和土壤耕作比较分析（12年）

区分	土壤	有水	比较
改善恶性劳动环境	100	50	↓ 50
作为收获体验	100	120	↑ 20
收获数量增加	100	135	↑ 35

无土栽培和土壤耕作的丰产性分析（15年）

生产性（300坪*，千克）

示范后（A）	示范前（B）	临近（C）	对比（%）	
			A/B	A/C
4 120	3 240	3 107	127	133

无土栽培和土壤耕作的经营分析（15年）

（300坪）收入（千元）

示范后（A）	示范前（B）	临近（C）	对比（%）	
			A/B	A/C
28 000	22 000	18 000	128	155

* 坪为非法定计量单位，1坪≈3.3057米^2。——编者注

韩国草莓产业现状

草莓产业规模

10 542万亩　13 359万亩
面积 6 432万亩
202吨　232吨　217吨
产量
2004　2010　2013

作为主要收入作物，引领园艺产业/出口增加等潜力大的作物

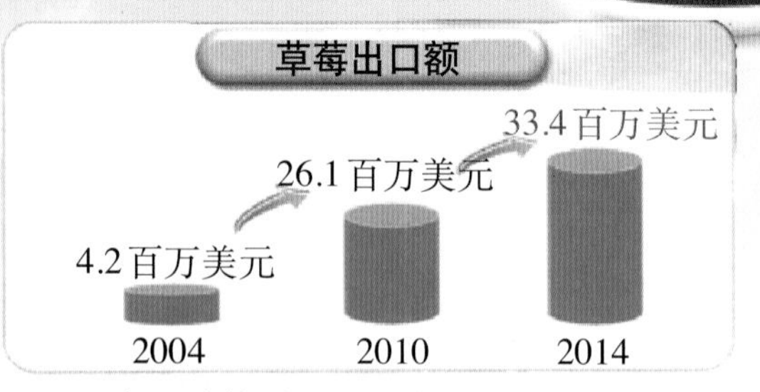

国产品种梅香占出口数量的90%以上

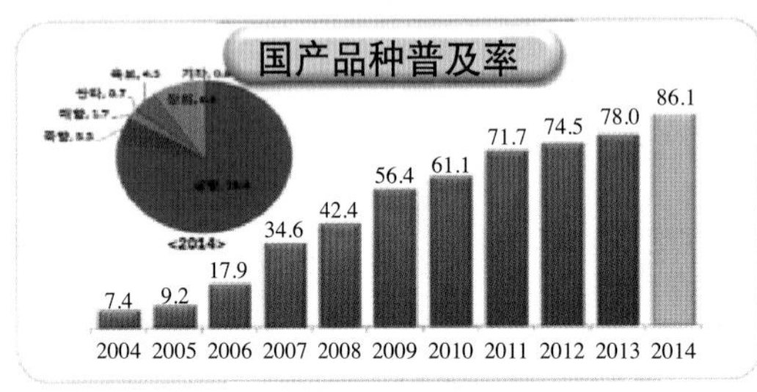

以雪香为中心的国产品种栽培急速增长

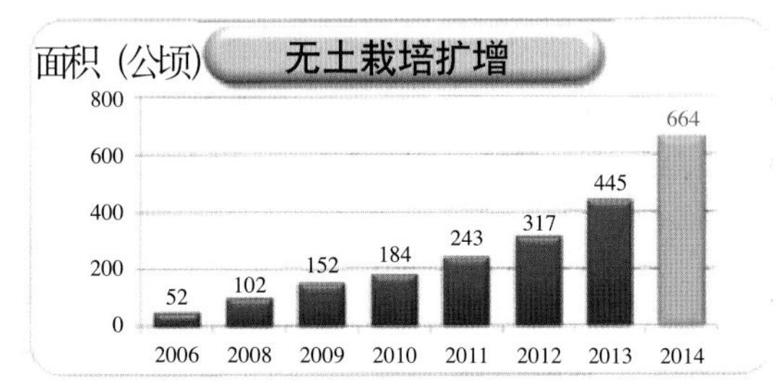

高架无土栽培技术导入，减轻恶性劳动力和划时代的数量增加

韩国草莓品种的国产化

通过梅香、雪香开发，成功实现了草莓品种的国产化

生产和出口用国内品种代替

- 口感非常好
- 因为硬度强所以贮藏性能优良
- 占出口量的90%

- 口感非常好
- 防病虫害和耐低温性能强
- 占栽培面积的78%

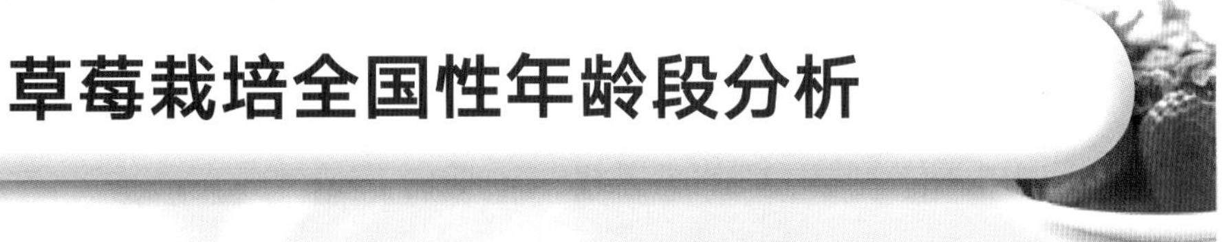

草莓栽培全国性年龄段分析

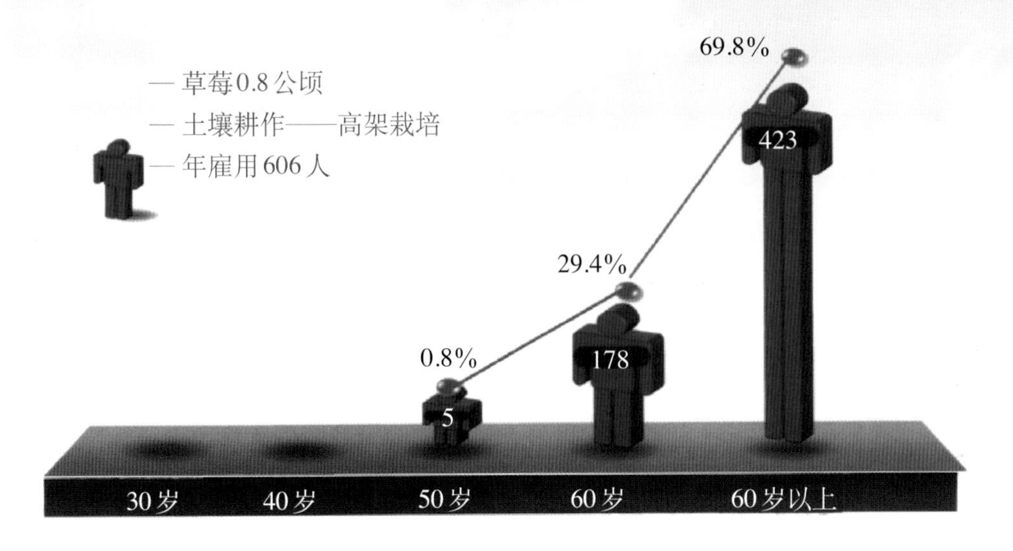

基于作业方式的选择

论山地区草莓无土栽培现场

论山地区无土栽培坐果状

论山地区无土栽培坐果状

论山地区无土栽培坐果状

草莓大棚高架安装费用分析（2014年，论山）

编号	品名	规格	数量	所需预算（百万元）	备注
1	3重草莓大棚	7米×95米（8.2米×95米）	3栋（每栋230坪）	40	标准大棚
2	电（包含电线杆）	5千瓦	1杆	2	最大60千瓦
3	管井（小型）	40～50米	1个	2	基本型
4	管井（大型）	150～200米	1个	—	大棚用7
5	取暖器（热风机）	3栋	1台	8	
6	其他设施（防治器、保管箱等）	3栋		6	
合计	3重大棚3栋外部设施（论山）			58	

编号	品名	规格	数量	所需预算（百万元）	备注
1	自动施肥机器及管路	EC、pH测量	1套	15	
2	高架底座系统、锅炉等	—	3栋	35	
合计	高架栽培泡沫塑料形态的3栋内部设施（论山）			50	

2. 无土栽培基本原理

无土栽培模式图

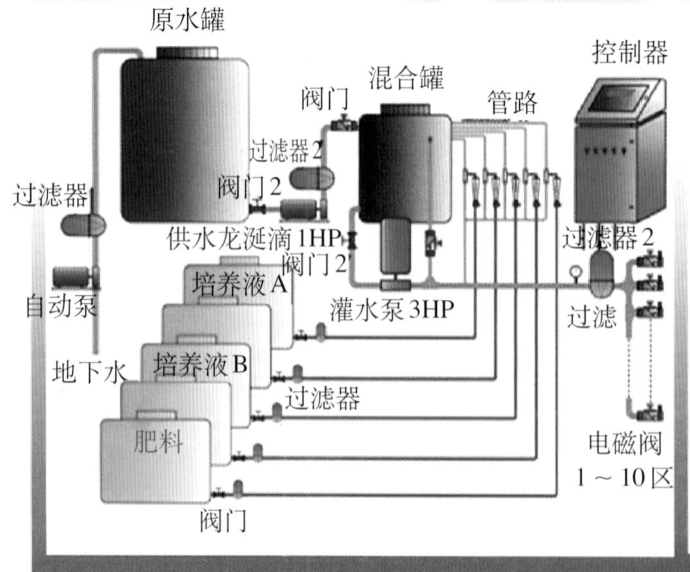

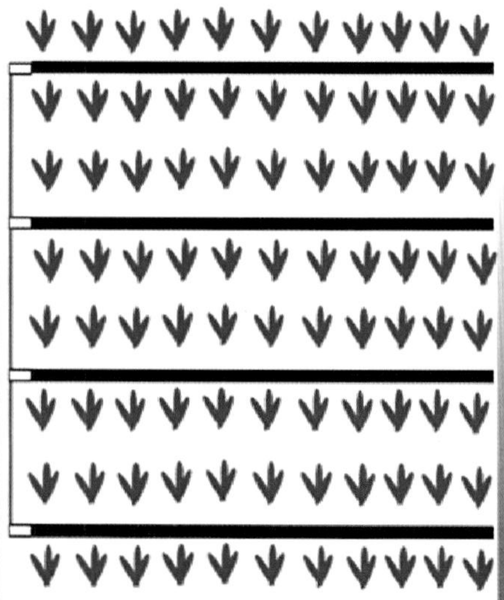

◆ 营养液系统安装图

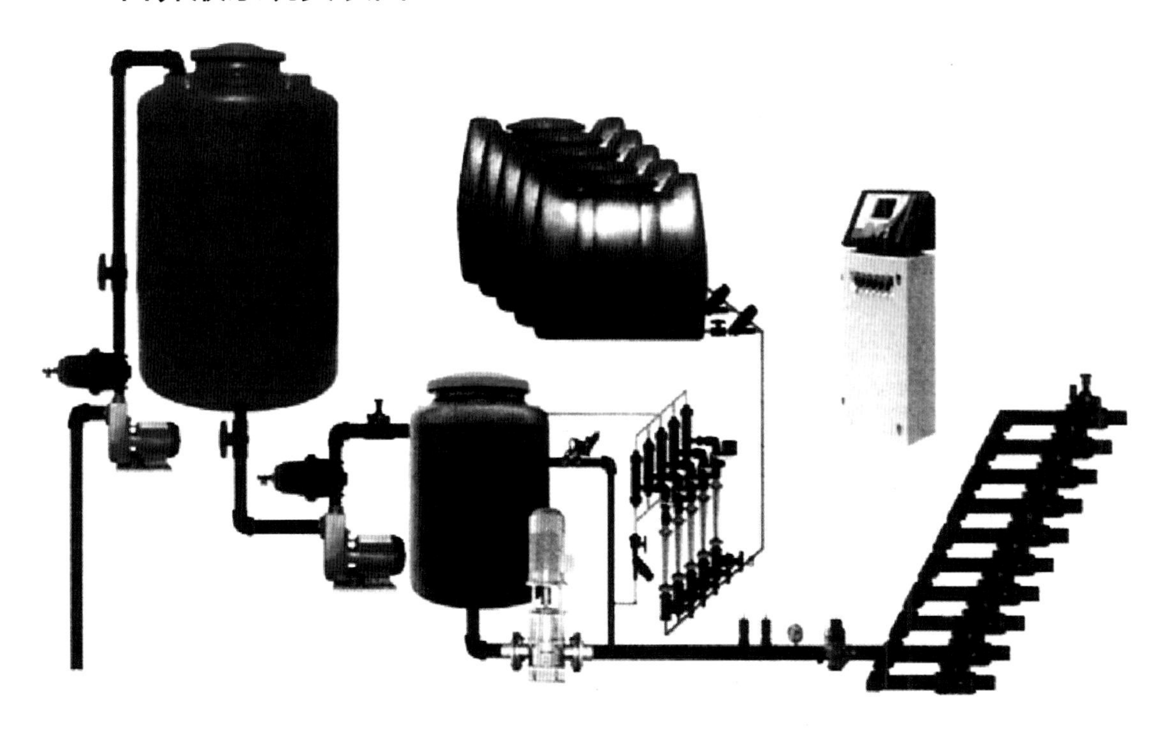

◆ 营养液系统硬件构成图

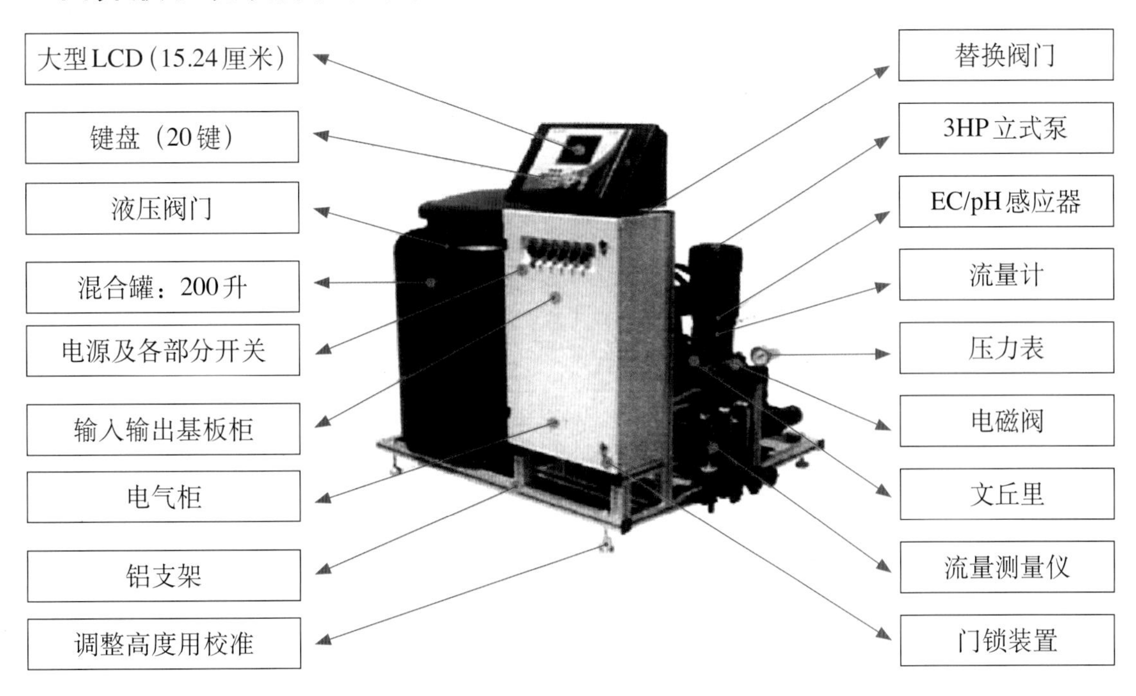

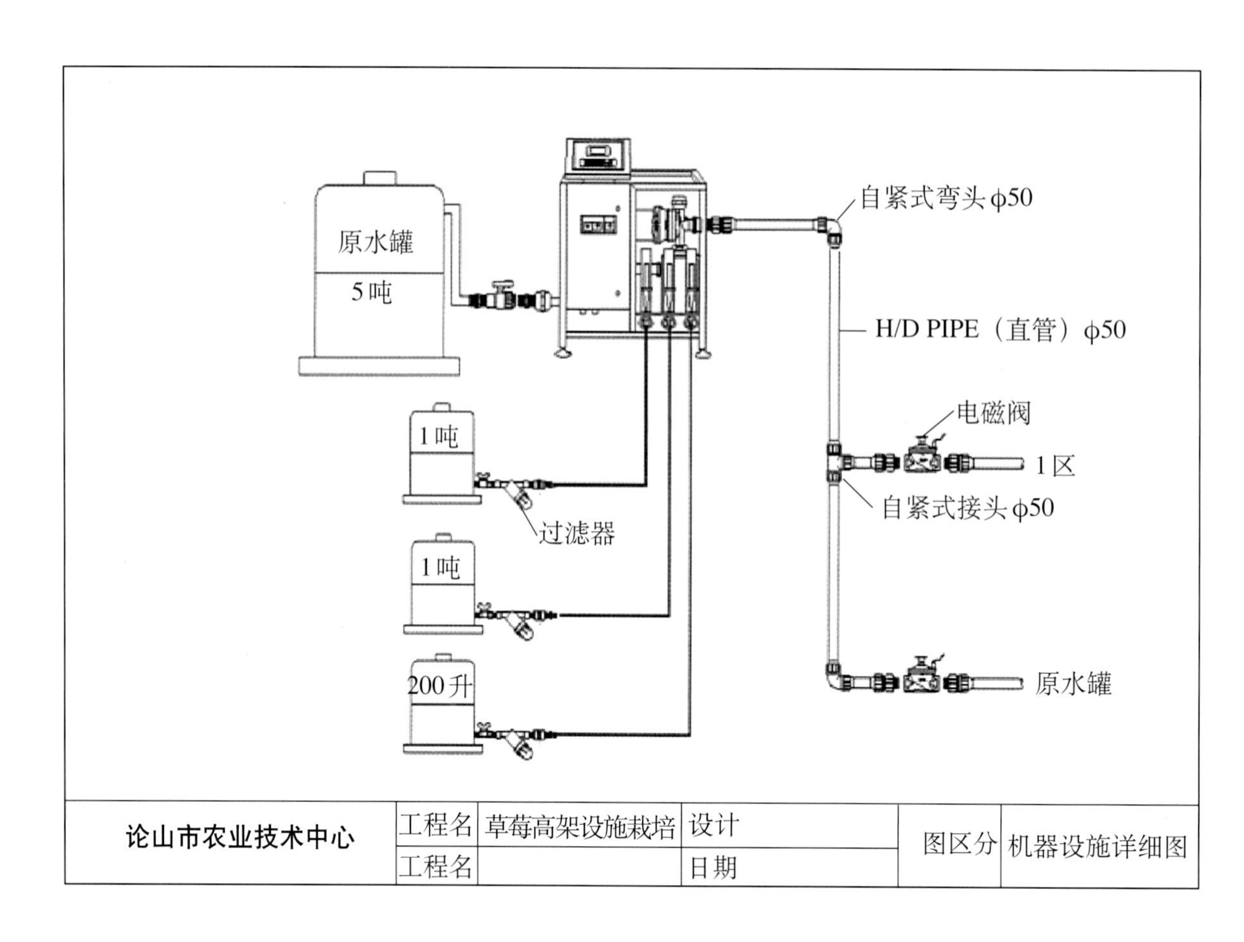
原水罐
5吨
自紧式弯头 ϕ50
H/D PIPE（直管）ϕ50
电磁阀
1区
自紧式接头 ϕ50
1吨
过滤器
1吨
200升
原水罐
论山市农业技术中心
工程名
草莓高架设施栽培
设计
图区分
机器设施详细图
工程名
日期

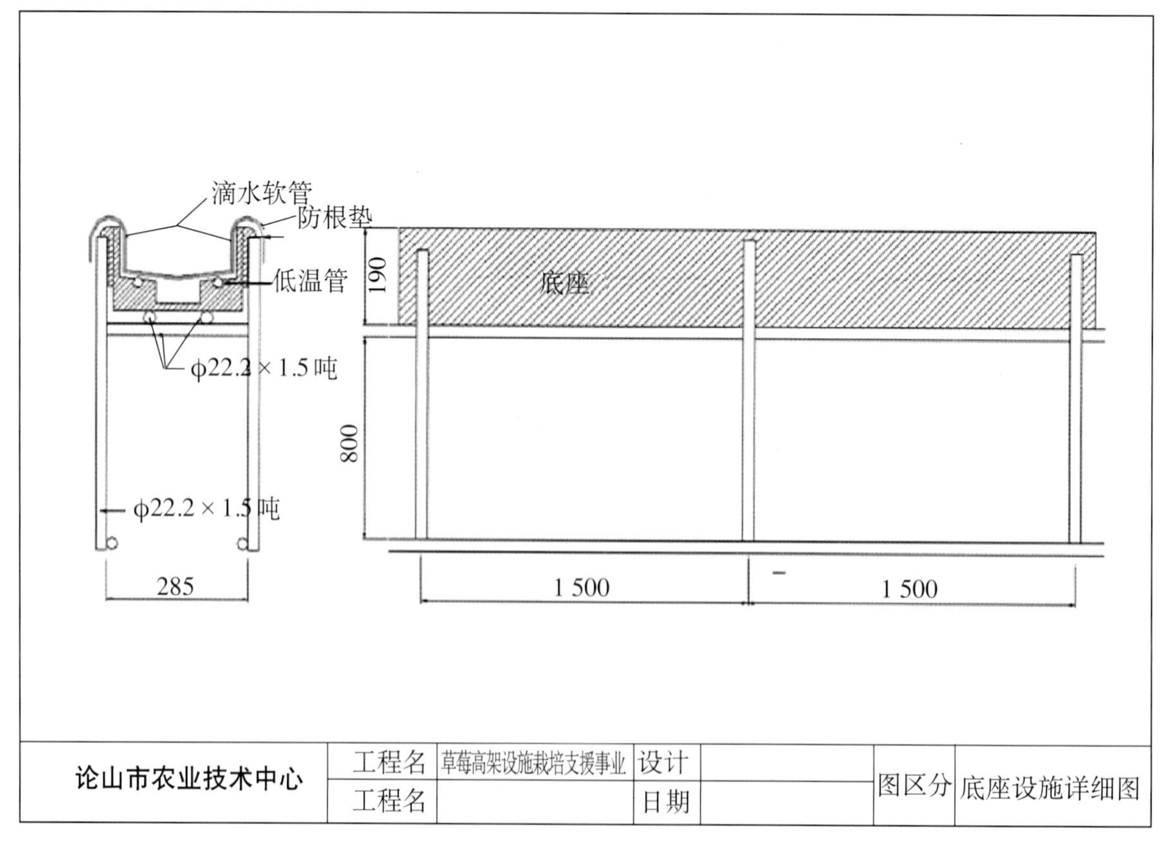
滴水软管
防根垫
低温管
190
底座
ϕ22.2 × 1.5 吨
800
ϕ22.2 × 1.5 吨
285
1 500
1 500
论山市农业技术中心
工程名
草莓高架设施栽培支援事业
设计
图区分
底座设施详细图
工程名
日期

3. 原水（地下水）水质

地下水水质条件基本事项

区分	pH	EC	碳酸氢根（HCO_3^-）	钠
最小限度水质	7.0以下	0.5以下	100毫克/千克	50毫克/千克
论山好的水质	6.2以下	0.2以下	50毫克/千克	20毫克/千克以下

○ **论山地区水质综合分析**

— 练武邑、江景邑、恩津面、彩云面、城东面、光石面等一些地区过去因为是海水流入过，因此，锰和铁含量高，钠含量也高，不适合无土栽培

— 连山面、鲁城面、可也谷面、阳村面、上月面、伐谷面等水质比较好（只是山多所以要考虑日照量不足，日平均不足量30分钟以上时最好避开）

— 海水流入过的地区管井挖得再深钠含量也不会减少

— 如果安装大型净水器，安装费和过滤器费用高。而且虽然没有各种元素和植物生长之间准确的关联分析，但如果过度净化，水中含有的植物生长所必需的50多种元素和多种矿物质都会被严重净化，会有很多草莓长不大的负面效果。一些农户虽然会把地下水的净化水和原水按一定的比例混合使用，但实际上有很多困难。

— 海水没有流入过的地区，存在管井挖得越深，铁含量越少的现象。

论山地区高架栽培水质地区调查

○ **论山地区水质综合分析**

— 鸡龙山流域的水流和流入锦江的上游地区大体上铁含量高

— 大芚山流域的水流和流入锦江的上游地区铁含量少

— 与上表相关的地区是上月、鲁城、连山、阳村、可也谷等地区，越往内陆走，水质越安全

— 但是，海水流入地区（江景、彩云、城东、光石（部分）、恩津（部分）、练武（部分））大体上pH、碳酸氢根、钠、铁质、氯、EC和锰的含量高，所以草莓的无土栽培会很困难

— 为了管井的深度和捕获水，在地下10～30米收集水时，铁含量及氯、钙的含量变高；造成这些的原因是一些地上的成分下降到地下后产生的影响，因为强烈的风化作用，所以堆积层中铁质多

— 管井的深度10～30米以下时，会根据pH、EC等，雨季和干燥季等不同季节，以及距离上20米内外会发生水质的差异和变化，因此，会发生水质分析在不同时期发生偏差的现象

*管井的深度设定在水质变化少的50米以上，捕获地下水使用为好

韩国营养液栽培方法的适用水标准

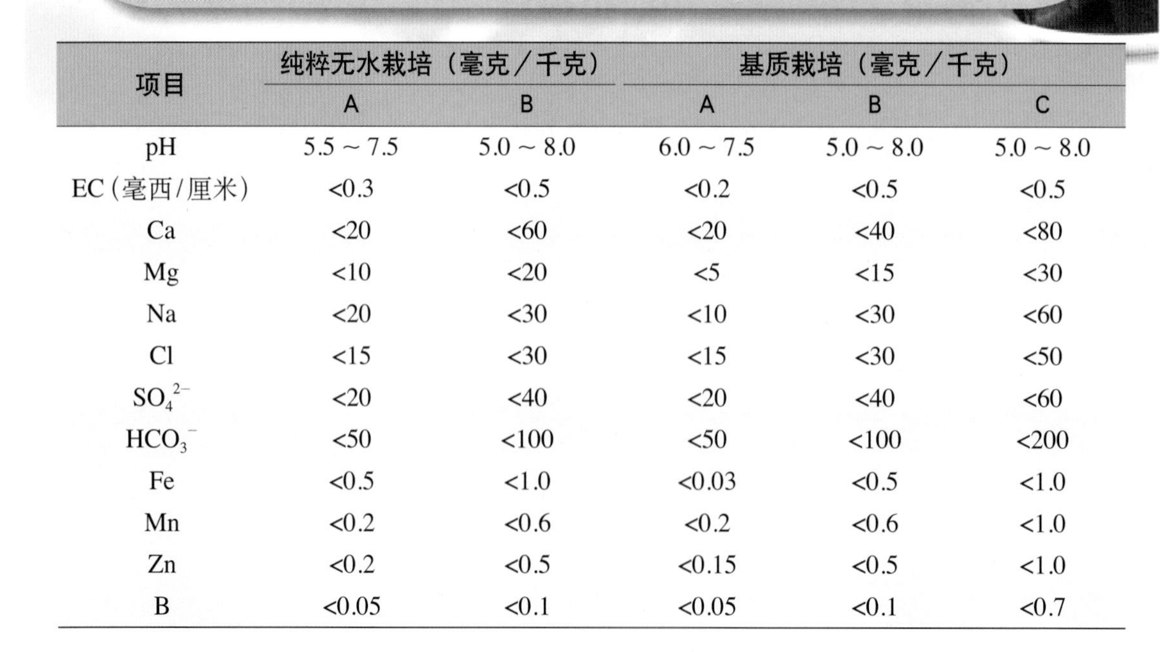

项目	纯粹无水栽培（毫克／千克）		基质栽培（毫克／千克）		
	A	B	A	B	C
pH	5.5～7.5	5.0～8.0	6.0～7.5	5.0～8.0	5.0～8.0
EC（毫西/厘米）	<0.3	<0.5	<0.2	<0.5	<0.5
Ca	<20	<60	<20	<40	<80
Mg	<10	<20	<5	<15	<30
Na	<20	<30	<10	<30	<60
Cl	<15	<30	<15	<30	<50
SO_4^{2-}	<20	<40	<20	<40	<60
HCO_3^-	<50	<100	<50	<100	<200
Fe	<0.5	<1.0	<0.03	<0.5	<1.0
Mn	<0.2	<0.6	<0.2	<0.6	<1.0
Zn	<0.2	<0.5	<0.15	<0.5	<1.0
B	<0.05	<0.1	<0.05	<0.1	<0.7

水质分析问题的HCO_3^-（碳酸氢根离子）

水质分析问题的HCO_3^-（碳酸氢根离子）

○ 碳酸或碳酸氢根离子会提高营养液的pH

○ 碱性的碳酸和碳酸氢根离子因为浓度低，所以不会成为问题，但100毫克/千克以上时必须矫正

○ 地下水中CO_2和HCO_3^-的关系

— 碳酸氢根的pH上升原理

$HCO_3^- + H_2O \rightarrow OH^- + CO_2 + H_2O$

— 碳酸氢根会使水变为碱性，因此，要通过加酸进行中和；但碳酸氢根越多，需要添加的酸量也多，会造成培养液成分的变化，所以不可取

— 碳酸钙和碳酸镁因为会沉淀，所以对营养液供应系统不利

水质分析问题的HCO_3^-（碳酸氢根离子）

○ 高浓度HCO_3^-反应式：pH上升

— $HCO_3^- + H_2O \rightarrow OH^- + CO_2\uparrow + H_2O$

○ 中和反应式

— $HCO_3^- + HNO_3 \rightarrow NO_3^- + H_2O + CO_2\uparrow$

— $HCO_3^- + H_3PO_4 \rightarrow H_2PO_4^- + H_2O + CO_2\uparrow$

○ 适当的碳酸氢根离子：30～50毫克/千克

○ 维持适当范围

— 为了降低pH，用硝酸、磷酸等进行中和

— 为了提升pH，添加氢氧化钾等

改善原水水质的碳酸氢中和（pH调整）

首尔大学

碳酸氢根离子（毫克／千克）		酸添加量100倍的液量，1吨标准	
用水	中和目标量	A液：60%硝酸	B液：85%磷酸
50	—	0	0
70	25	2.153（1.566）	2.364（1.407）
100	50	4.305（3.131）	4.727（2.814）
125	75	6.458（4.697）	7.091（4.221）
150	100	8.610（6.262）	9.454（5.627）
175	125	10.763（7.878）	11.818（7.035）
200	150	12.915（9.393）	14.181（8.441）
225	175	15.061（10.954）	16.538（9.844）
250	200	17.213（12.519）	18.900（11.250）

pH或者中和碳酸氢根的过程中，使用硝酸会比使用磷酸好。

＊大量投入磷酸时，地下部的生长虽然好，但会抑制地上部的生长，而且使用大量磷酸时，移植30天后，会出现缺铁症状。

4. 无土栽培设施

论山地区高架无土栽培设施具体内容

○ 高架底座支架

X形（庆尚道）、H形（忠清道）、吊钩（燕东一部分）、移动式（一部分）等

○ 栽培容器形态

防水帆布底座（庆尚道）、塑料箱底座（忠清道）、泡沫塑料底座

○ 人工床土（各地区不同）

混合床土（忠清道）、泥炭土（庆尚道），使用可可泥炭的地区也多

○ 地下冷暖设施（地下水制冷、锅炉取暖）

忠清道、全罗道较多（柴油温水锅炉）

○ 无土栽培系统

EC、pH、自动控制及分区域分别控制

○ 论山地区高架栽培主要形态（2016年750农户高架栽培）

— 床土：（珍珠岩+可可泥炭=6 ： 4或5 ： 5）90%以上

— 品种：雪香95%

— 泡沫塑料底座：95%

— 地中取暖：90%

适合高架无土栽培的大棚结构

宽度窄，高度低，高温阻滞

侧面高度为160厘米以上

大棚宽度：7米或8.2米

最近，论山地区设施形态：和标准大棚10-单栋-4型类似，但较多采用的是，利用14米管的侧面高度为170厘米以上、宽度为8.90米以上的设施，里面安装6～7行高架底座。

各地区耐灾害型设计标准——风速（30年）

风速（米／秒）	各地区区分
20～25以下	京畿道：龙仁市、安城市、利川市、骊州郡、杨平郡、水原市、文山市、坡州市、东豆川市、广州市、议政府市、乌山市 江原道：洪川郡、横城郡、平昌郡、原州市、宁越郡、旌善郡 忠清道：丹阳郡、槐山郡、阴城郡 庆尚道：星州郡、陕川郡、咸阳郡、高灵郡 全罗道：南原市、任实郡、长水郡、淳昌郡、潭阳郡、井邑市、谷城郡、求礼郡
25～30以下	京畿道：江华郡、军浦市、安养市、义王市、果川市、鞍山市、始兴市、华城市 江原道：麟蹄郡、杨口郡、华川郡 忠清道：大田广域市、扶余郡、堤川市、忠州市、论山市（28米/秒）、锦山郡 庆尚道：青松郡、尚州市、义城郡、居昌郡、密阳市、山清郡、晋州市、永同郡(秋风岭)、宜宁郡、安东市、军威郡、金泉市 全罗道：光州广域市、咸平郡、扶安郡、全州市、海南郡、罗州市、益山市、长城郡、和顺郡、务安郡、高敞郡、茂朱郡、金堤市
30～35以下	首尔、京畿、江原：首尔特别市、富川市、春川市 忠清道：保宁市、瑞山市、清州市、牙山市、燕岐郡(鸟致院)、洪城郡、礼山郡、天安市 庆尚道：大邱广域市、闻庆市、巨济市、统营市、南海郡、盈德郡、荣州市、永川市、庆州市、醴泉郡、庆山市、龟尾市、奉化郡、泗川市 全罗道：高兴郡、长兴郡、灵光郡、宝城郡、灵岩郡
35～40以下	江原道：东海市、三陟市 忠清道：报恩郡 庆尚道：蔚山广域市、浦项市、金海市、昌原市、马山市、梁山市 全罗道：珍岛郡、莞岛郡
40以上	京畿道：仁川广域市 江原道：江陵市、大关岭、襄阳郡、束草市 庆尚道：釜山广域市、蔚珍郡、郁陵岛 全罗道：群山市、木浦市、丽水市、光阳市、顺天市 济州岛：整个地区

各地区耐灾害型设计标准——积雪深度（30年）

积雪深度（厘米）	各地区区分相关地区
20～25以下	京畿道：江华郡、杨平郡、文山市、东豆川市、南杨州市、河南市、杨州市 庆尚道：大邱广域市、釜山广域市、蔚山广域市、庆州市、巨济市、南海郡、密阳市、宜宁郡、星州郡、永川市、晋州市、浦项市、镇海市、马山市、统营市、山清郡、义城郡、陕川郡、龟尾市、安东市、泗川市、昌原市、金海市、光阳市、昌宁郡、高灵郡 全罗道：顺天市、罗州市、务安郡、高兴郡、求礼郡、灵岩郡、康津郡、丽水市、长兴郡、海南郡、黑山岛、莞岛、宝城郡 济州岛：西归浦市、城山浦、济州市
25～30以下	首尔、京畿：首尔特别市、水原市、利川市、骊州市、龙仁市、安城市、坡州市、金浦市、安养市、平泽市、高阳市 江原道：洪川郡、宁越郡、铁原郡、横城郡、原州市 忠清道：大田广域市、扶余郡、堤川市、论山市、天安市、牙山市、锦山郡、沃川郡、礼山郡 庆尚道：居昌郡、咸阳郡、盈德郡、尚州市、青松郡、英阳郡 全罗道：光州广域市、全州市、咸平郡、长城郡
30～35以下	京畿道：仁川广域市、华城市、鞍山市 忠清道：报恩郡、公州市、瑞山市、忠州市、保宁市、唐津郡、槐山郡、阴城郡 庆尚道：闻庆市、荣州市、金泉市、奉化郡、醴泉郡、永同郡(秋风岭) 全罗道：茂朱郡、益山市
35～40以下	江原道：春川市、麟蹄郡、华川郡、杨口郡、平昌郡、旌善郡 忠清道：清州市 庆尚道：蔚珍郡 全罗道：群山市、南原市、木浦市、长水郡、谷城郡、高敞郡、泰安郡、灵光郡
40以上	江原道：江陵市、大关岭、东海市、三陟市、束草市、襄阳郡、太白市 庆尚道：郁陵岛 全罗道：扶安郡、任实郡、井邑市、金堤市

适合于高架栽培的单栋型（10-单栋-4）

规格名	宽（米）	高（米）	椽子 Ø毫米×t（毫米）	横杆 Ø毫米×t（毫米）	设计强度		设施费（千元/米²）	备注
					积雪（厘米）	风速（米/秒）		
07-单栋-1	5.0	2.6	Ø25.4×1.5t@60	7个(Ø25.4×1.2t)	50	35	18.5	农村振兴厅
07-单栋-2	6.0	3.3	Ø31.8×1.5t@60	9个(Ø25.4×1.5t)	50	35	20.5	—
07-单栋-3	7.0	3.3	Ø31.8×1.7t@60	9个(Ø25.4×1.5t)	50	36	19.5	—
07-单栋-4	8.0	3.6	Ø31.8×1.7t@50	9个(Ø25.4×1.5t)	48	37	19.9	—
10-单栋-1	6.0	2.2	Ø31.8×1.5t@60	5个(Ø25.4×1.5t)	41	33	19.2	—
[illegible]	[illegible]	[illegible]	[illegible]	[illegible]	[illegible]	[illegible]	[illegible]	[illegible]
10-单栋-3	7.0	3.5	Ø31.8×1.7t@50	5个(Ø25.4×1.5t)	37	33	18.7	—
10-单栋-4	8.2	3.9	Ø31.8×1.7t@50	5个(Ø25.4×1.5t)	41	35	19.0	—
10-单栋-5	8.2	3.5	Ø31.8×1.7t@50	5个(Ø25.4×1.5t)	30	32	18.8	—
10-单栋-7	8.9	3.9	Ø42.2×2.1t@90	7个(Ø25.4×1.5t)	27	41	39.0	—
10-单栋-8	7.6	3.7	Ø42.2×2.1t@80	7个(Ø25.4×1.5t)	25	33	43.8	—
10-单栋-9	8.9	3.9	Ø48.1×2.1t@70	7个(Ø25.4×1.5t)	26	36	45.0	—
10-单栋-10	5.4	2.6	Ø25.4×1.5t@80	5个(Ø25.4×1.5t)	30	28	13.8	星州郡（农业技术中心）
10-单栋-11	5.6	2.4	Ø31.8×1.5t@100	5个(Ø31.8×Ø25.4)	29	27	14.4	—
10-单栋-12	5.6	2.4	Ø25.4×1.5t@65	5个(Ø25.4×1.5t)	27	27	14.4	—
10-单栋-13	5.8	2.6	Ø31.8×1.5t@90	5个(Ø31.8×Ø25.4)	30	28	14.4	—
07-单栋-18	7.0	2.8	Ø31.8×1.7t@50	9个(Ø25.4×1.2t)	50	40	20.7	农村振兴厅

* 设施规模（高、宽）方面，如果没有符合本地区和作物特性的耐灾害性标准的设施时，可以在符合本地区设计标准强度的耐灾害型标准设施中，选择规模大的设施后，缩短高度和宽度后进行施工。
* 10-单栋-6～9型是草莓高架栽培用的单栋塑料大棚；10-单栋-10～13型是香瓜栽培用单栋塑料大棚。

单栋塑料大棚（10-单栋-1～5）的椽子的规格调整带来的积雪深度及风速强度

椽子规格		10－单栋－1		10－单栋－2		10－单栋－3		10－单栋－4		10－单栋－5	
Ø毫米×t（毫米）	安装间距（厘米）	安全积雪深度（厘米）	安全风速（米/秒）	安全积雪深度（厘米）	安全风速（米/秒）	安全积雪深度（厘米）	安全风速（米/秒）	安全积雪深度（厘米）	安全风速（米/秒）	安全积雪深度（厘米）	安全风速（米/秒）
Ø31.8×1.7t	50	52	37	50	38	45	36	41	35	30	32
	60	45	34	42	35	37	33	34	32	25	30
	70	38	31	36	32	32	31	29	30	22	27
	80	33	29	31	30	28	29	25	28	—	—
	90	30	28	28	29	24	27	22	26	—	—
Ø31.8×1.5t	50	49	35	46	37	41	34	37	34	28	31
	60	41	32	38	33	34	31	31	31	23	28
	70	35	29	33	31	29	29	26	28	20	26
	80	30	27	28	29	25	27	23	26	—	—
	90	27	26	25	27	22	26	20	25	—	—
Ø25.4×1.7t	50	33	27	30	32	28	28	22	29	—	—
	60	27	25	24	29	23	26	—	—	—	—
	70	23	23	21	27	—	—	—	—	—	—
	80	20	22	—	—	—	—	—	—	—	—
	90	—	—	—	—	—	—	—	—	—	—
Ø25.4×1.5t	50	30	26	26	30	24	27	—	—	—	—
	60	25	23	22	28	20	24	—	—	—	—
	70	21	22	—	—	—	—	—	—	—	—
	80	—	—	—	—	—	—	—	—	—	—
	90	—	—	—	—	—	—	—	—	—	—

*除了调整椽子的规格之外，耐灾害型规格告示事项（设施诸元、管规格、孔径等）要遵守，不能有变更。

1-8 单栋塑料大棚（10-单栋-4型）设计图

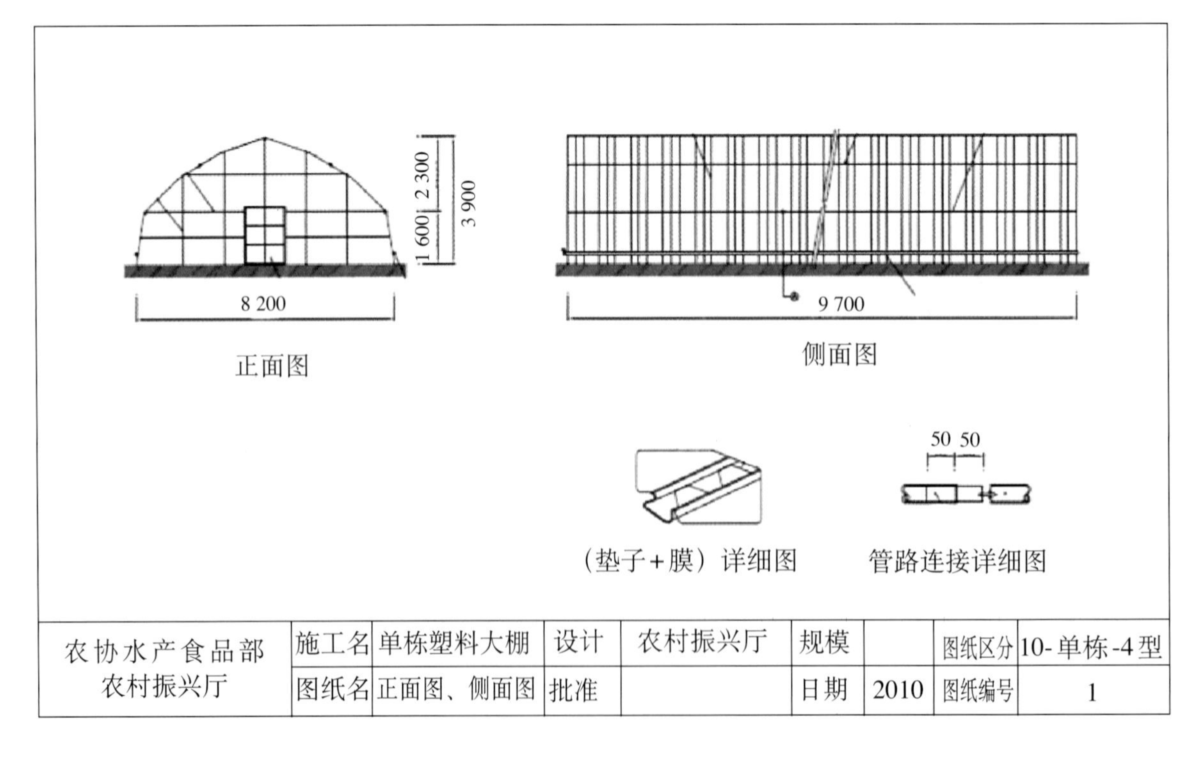

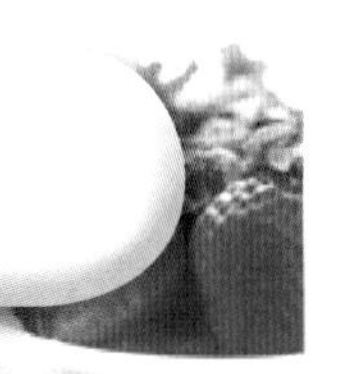

无土栽培施肥机器部分

(1) 无土栽培系统机器部分

—pH、EC、时间、水量自动控制

(2) 文丘里管吸入营养液

(3) 营养液和水混合200升

(4) 酸罐（200升，pH调整）

(5) A罐（1吨，100倍的液量）

(6) B罐（1吨，100倍的液量）

(7) 循环锅炉（根际锅炉）

(8) 水罐（5吨）

无土栽培自动系统机器部分

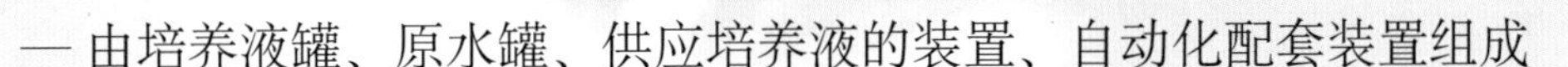

— 由培养液罐、原水罐、供应培养液的装置、自动化配套装置组成

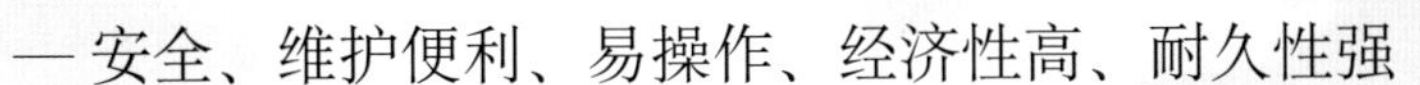

— 安全、维护便利、易操作、经济性高、耐久性强

多样的工作台架子设计

移动式架子（工作台）

连栋大棚吊钩型（工作台）

论山地区比较喜欢的H形工作台

论山地区用的最多的形态，95%以上

高架无土栽培工作台设施

— 可以根据作业人员的身体条件设定底座高度

— 可以根据利用目的设定底座高度（趋势是调高）

— 冷暖气塑料温水管安装（必须安装），防根纸安装等

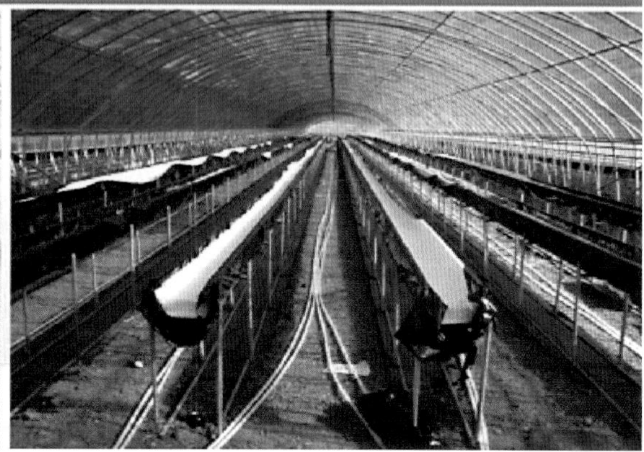

高架无土栽培工作台设施

泡沫塑料底座
发育状态
因为论山地区冬季温度下降，所以很多
都是采用可以对根部进行保温的泡沫塑
料工作台

无土栽培人工床土的条件

○ 应为无菌无营养状态，而且每年都能采购相同质量的材料

○ 再现性和耐久性好，一次安装之后至少要连续使用5年

○ 物理性能（透水性、适当的保水性）良好

○ 人工床土各地区使用形态

— 忠清道：多使用 2 种混合床土（珍珠岩+可可泥炭）

— 庆尚道：泥炭土、可可泥炭等有机培养基

— 在床土中没有做好除盐作业的床土在第一年栽培时需要注意

○ 除盐作业和pH调整床土

— EC：除盐到0.4以下，pH：调整到5.5～6.5的床土

○ 价格低廉，废弃便利

○ 论山地区的农户喜欢混合床土（珍珠岩+可可泥炭）

各种人工床土的形态

各种人工床土的形态

— 将论山地区使用的珍珠岩、可可泥炭，按5 ： 5体积比例进行加工的形态

— 市场上销售的珍珠岩、可可泥炭、泥炭土，因为比重轻，所以初期99%都会浮在水面上

— 根据栽培容器、栽培方法，农户可选择性使用

无土栽培人工床土的特性

培养基种类	原料	特性
可可泥炭	从热带果实椰子中提取油脂、果汁、长纤维以后，对剩余的副产物、短纤维和木质部烘干到20%以下水分得到的	○ CEC 40 ~ 50厘摩尔/千克，pH 5.4 ~ 6.6 ○ 容积密度0.04 ~ 0.06，最大水分含量是培养基重量的8 ~ 10倍 ○ 使用时需要进行充分的除盐处理（盐分问题），吸水、保水、通气、透水优秀 ○ 根部在整个培养基里均匀分布
泥炭土	寒带地区的沼泽泥炭藓，在沉积过程中因为氧气不足，所以没有腐蚀而沉积的 上层：白色 下层：黑色	○ CEC 150 ~ 180厘摩尔/千克，pH 3.5 ~ 5.5 ○ 容积密度0.1 ~ 0.2，最大水分含量是培养基的11 ~ 18倍 ○ 难消毒，栽培过程中容积率减少，绿色
岩棉	玄武岩和矿渣在1 500℃高温下熔解、在高压下加工成纤维性的人造矿物纤维、硅酸钙	○ 根际氧气供应顺利，保水性、通气性优良 ○ 吸水到体积的90%，根际可以维持均匀的水分 ○ 孔隙率95%，重量120千克/米^3 ○ pH 7.0 ~ 7.5
珍珠岩	将珍珠岩加热到1 000℃蒸发水分	○ 中性、通气、排水优秀、低阳离子置换能力 ○ 有效水分含量低，无缓冲能力 ○ 易于消毒、培养基填充时因为灰尘作业困难 ○ 培养基含有很多微粉

培养基种类及特性

培养基种类	pH	CEC	孔隙率（%）
珍珠岩	6.9	0.5	93.0
可可泥炭	6.0	40 ~ 60	87
熏炭	7.4	—	95.0
泥炭土	3.9	102.5	92.9
岩棉竹节	7.5	0.0	97.0

大棚的位置、方向和管井

以草莓栽培为目的的单栋大棚要以长度方向为南北向安装（东西方向的大棚因为会发生成熟期差异，北侧会发生生育低下）（12月至翌年2月南北方向的大棚因内部温度上升和高架底座地温上升快，所以有利于生育）

○ 长期进行草莓栽培时，因为是冬季作物，周围山多，早晚光量不足时，草莓生育会发生大的差异（相比于平地，如果30分钟以上光线不足时需要考虑）

○ 连栋大棚大体上产量比单栋低，而且设施费用高（与收获体验或6次产业联系时，可考虑连栋型）

○ 地下水水质EC、pH要低，钠、碳酸氢根、铁质当然也要少，管井要在变化少的50米以上地下捕获水使用

○ 利用水幕（利用地下水冬季取暖）时，1天的水量为300吨以上，如果有充足的水量，长期使用对能耗费用节约将做出重大贡献

草莓的花语是幸福的家庭，非常感谢

（二）草莓无土栽培实操培训 I

1. 无土栽培EC管理

导电率（EC）

指电流通过的程度，定义为截面1厘米^{2}的电极相距1厘米时，平行电极间溶液的电阻倒数。

25℃标准：每1.0℃会有2%左右的变化

导电率为方便起见用毫西/厘米表示

全离子浓度：培养液内存在的所有离子浓度的和

单位是毫摩尔/升（例：溶化了KNO_3 101克的溶液1升即为1摩尔/升）

EC的定义：（氮、氨、磷酸、钾、钙、镁+钠、氯）的总量

— 钠、氯对作物有害

— 使用市场上销售的一般肥料时，因为是尿素形态的制剂，所以没有测量EC（使用时危险）

— 草莓无土栽培上EC管理范围是0.3 ~ 1.2

不同EC浓度下，雪香的肥料吸收率

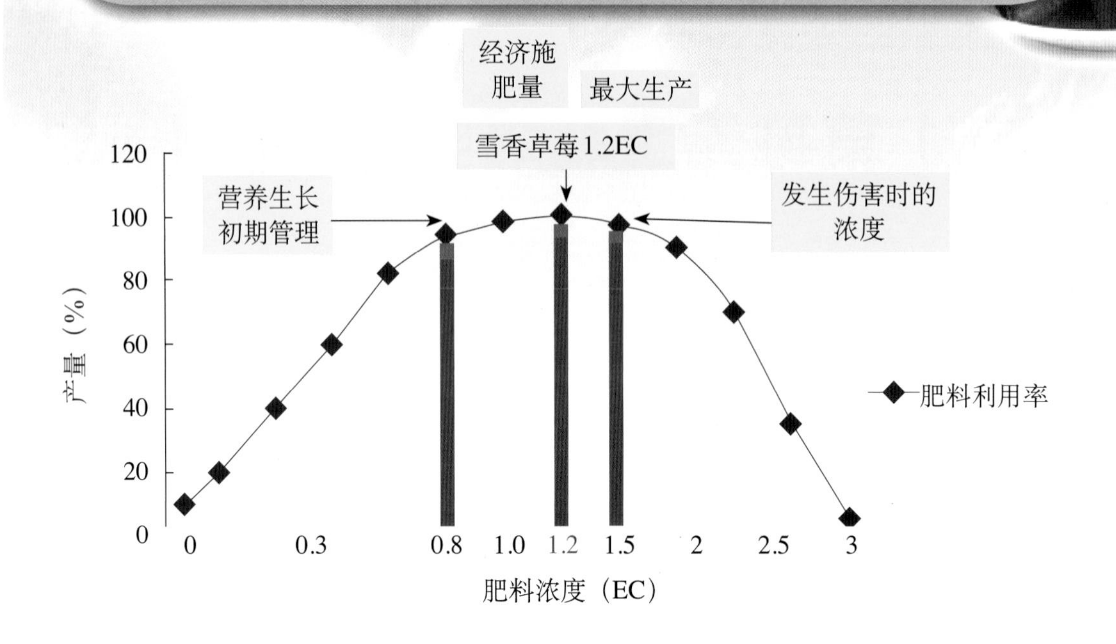

雪香草莓生育各阶段EC管理

（1）适时移植：9月10～15日（花芽分化明确）

pH（6.2以下），EC（0.2以下），碳酸氢根（50毫克/千克以下），稳定的地下水质

移植前	缓冲（移植前）（养分吸附）	移植后3天	4～10天	11～17天
床土消毒清除盐类	正式移植EC0.5～1.2	EC0.3	EC0.5以下	EC0.6～0.7

移植初期	发芽期	开花期—果实膨大期	植株疲劳
EC0.8以下	EC1.0以下	EC1.0～1.2以下	EC0.9以下

雪香，珍珠岩+可可泥炭混合床土（5：5或6：4），考查论山地区泡沫塑料底座

（2）早期移植，花芽分化不明确

pH（6.2以下），EC（0.2以下），碳酸氢根（50毫克/千克以下），稳定的地下水质

移植前	缓冲（移植前）（养分吸附）	正式移植灌清水3天	6～15天	15～25天
床土消毒清除盐类	正式移植EC0.5～1.2	清水	EC0.5以下	EC0.6～0.8

移植初期	发芽期	开花期—果实膨大期	植株疲劳
EC0.8以下	EC1.0以下	EC1.0～1.2以下	EC0.9以下

雪香，珍珠岩+可可泥炭混合床土（5：5或者6：4），考查论山地区泡沫塑料底座

（3）水质中碳酸氢根、pH、EC高

— 初期低EC会提升草莓根部的pH，会诱发初期缺铁（使用DTPA铁）

— 水量比一般的使用量减少20%，但对于碳酸氢根和pH高的水质，需要同时添加氨和使用氮，为努力降低初期根际的pH而尽全力

移植前	缓冲（移植前）（养分吸附）	移植后5～10天	11～17天	18天以后
床土消毒清除盐类	正式移植EC1.0～1.2	EC0.6	EC0.7～0.8	EC0.9～1.0

移植初期	发芽期	开花期—果实膨大期	植株疲劳
EC1.1以下	EC1.1～1.2	EC1.0～1.3以下	EC1.0以下

雪香，珍珠岩+可可泥炭混合床土（5：5或者6：4），考查论山地区泡沫塑料底座

雪香生育各阶段EC+pH+水管理（建议事项）

条件：泡沫塑料底座、雪香、添加了50%珍珠岩的混合床土为标准；

地下水：pH（6.2以下），EC（0.2以下）；移植期：9月10日标准（pH、EC高有危险）；耕作形式：促成型（11月中下旬开始收获后，以第1花序和第2花序连续发芽为目的）

移植—移后5天	6～10天	11～15天	16～20天	21～25天
清水灌水 2～3分钟/9次	EC0.3～0.4 2～3分钟/8～9次	EC0.4～0.5 2～3分钟/8～9次	EC0.5～0.6 2分钟/8～9次	EC0.3～0.4 2分钟/7～8次

（1）初期，只有灌水次数多，在0.5以下逐渐提升，才会让根部的生长速度比地上部分快。（考虑了T/R）

（如果从EC0.6开始，地上部分先长得好，但根部会动摇，可以预计生育后期会受打击）

但，移植后25天时，地上部分的高度也会很高。如果需要抑制，就要减少灌水次数。需要注意的是，虽然用低EC投入，但随着灌水的次数增加，1天投入的肥料量不会是少数（地上部分初期变大，会持续到后期也大）

（2）按pH5.7或pH5.8的供应营养液（移植后9月10日至10月30日）。11月以后，按pH6.0供应营养液

（3）对过湿不用担心。初期因为生根数量不多，在排水性好的珍珠岩上要通过持续的灌水，向地上部提供水分，并通过这样的持续刺激，可以将花芽分化引导到正确的方向中。通过底座内部的高架床土地温下降和逐步的肥料投入，在花芽分化移植后也可以持续进行引导

（4）初期开始提高EC进行供水时，发生过很多次第1花序花茎出现非常缓慢和随着第1花序花茎出现快，雪香的开花时期提前到10月10日以前，大部分第2花序延迟的情况。要尽可能地做到，第1花序开花初期通过逐步的肥料供应，平衡根部生育和地上部生育的问题，有必要将开花期延迟或调整到10月20前后（相当难的一项技术）

（5）这些管理调整对论山地区大体有效，这是事实，但如果使用别的床土或地区变更，可能会是另一种情况

而且，冬季夜间温度（8℃）、地温管理（13℃），适时摘叶、适时摘花、适时药物防治、选择好苗等措施并行时，在每栋6排底座（90米）上，11月中旬开始收获到6月15日，产品和收获和农户选择性大棚后，一般的出货达成了最高的毛利

雪香生育各阶段EC+pH+水管理（建议事项）

26天时	发芽期	10月15日至11月15日前后为止	11月中旬以后至翌年2月上旬为止	2月中旬开始至3月
EC0.8～0.9 2分钟/6次	EC1.0～1.2 2分钟/5～6次	EC0.9～1.2以下 2分钟/5～6次	EC0.8～0.9以下 2分钟/2～5次	EC0.9以下 2分钟/3～5次

发芽期时EC：发芽前提高EC，有可能会发生花萼焦尖的情况。发芽前按1.0进行管理，发芽达到30%以上后，提升到1.1～1.2（最高EC）维持10多天也可以（如果排水好，灌水次数可以考虑2分钟/6次）

开花期以后：10月中旬至11月中旬，EC按0.9～1.0管理，但供水的次数为2分钟/5次，11月中旬开始至翌年2月上旬，按较低的、EC0.9以下管理比较好。开花期过后，过度的EC提升，在日照量不足时，会造成较多的花萼枯萎的现象（下叶枯死、盐类过多等）

（1）2月中旬左右的管理（冬至开始约55天后的管理）

在（泡沫塑料+珍珠岩50%以上+雪香+论山）这样的条件下，农户要做灌满水处理

虽然是危险的技术，但对于草莓的花萼枯萎、盐类过多、下叶枯死、根部恢复等最有效

但是，需要注意疫病和糖度下降（参考灌满水处理部分）

水量要逐步增加，但因为是恢复根部和地上部位（草莓的换季）的时期，所以事实上没有必要提升EC。按EC0.8～0.9或0.7～0.8的范围，水量每天5～6次、每次2～3分钟进行管理即可（过度灌水会降低糖度）

（2）5月以后，因为根部和地上部位的干重达到了最大，而且是收获的后半期，所以肥料按EC0.7的范围，进行6次以下的灌水，同时将大棚的温度尽可能降低（成熟期延迟处理），这样到6月时，也能收获商品果

这时期的糖度下降的原因是灌水量多，或者是设施内的温度上升造成的草莓早熟（如果超过6次，虽然生育会变得旺盛，但糖度有可能下降）

大邱大学，权河俊
供液浓度的差异造成的草莓（雪香）叶长、叶宽变化

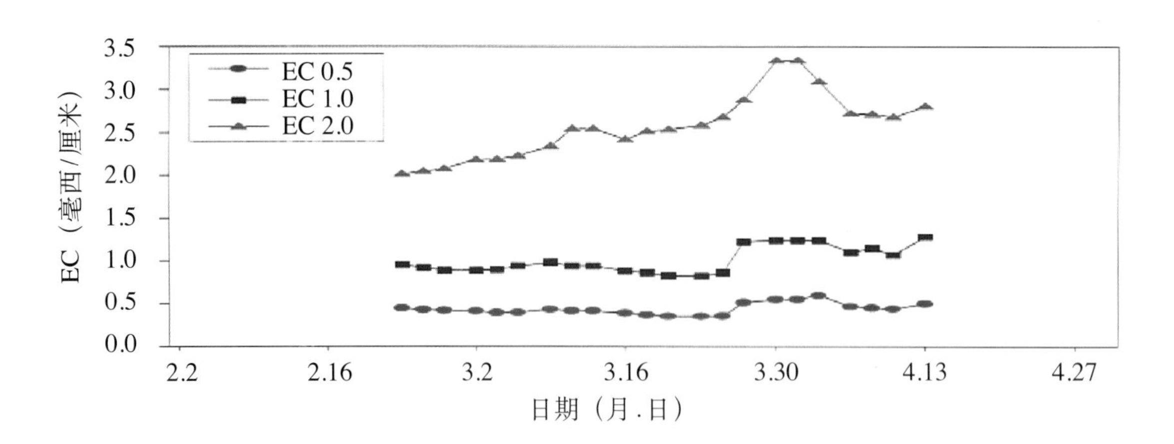

供液浓度的差异造成的草莓（雪香）地下部分生育差异（权河俊，2019）

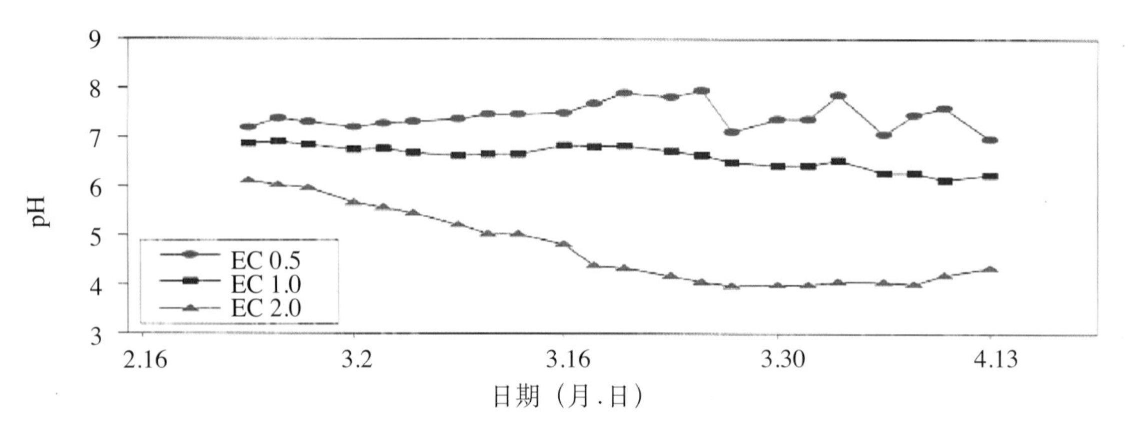

供液浓度的差异造成的草莓（雪香）地下部分生育差异（权河俊，2019）

雪香草莓生育各阶段试验（园艺特作科学院，全兴勇）

（公示资料：椰壳纤维100%，新西兰PBG处方）

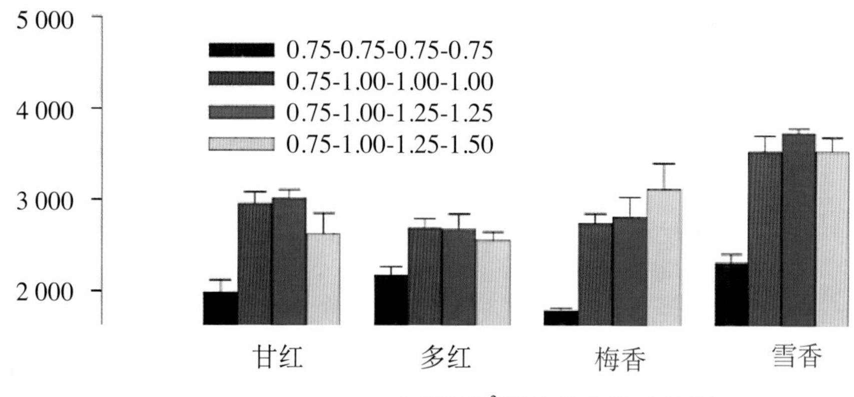

○草莓无土栽培时，在各生育阶段（移植初期—发芽期—开花期—果实膨大期）的浓度按0.75-1.00-1.25-1.25进行管理；比0.75-1.00-1.25-1.50管理的时候，大王、雪香、多红及甘红各增收了4.6%、4.8%及14.7%

不同EC浓度下梅香的产量分析（大邱大学，权河俊）

供液浓度（毫西／厘米）	果长（毫米）	果径（毫米）	果重（克）	糖度（° Brix）	收获果数（个／株）	收获量（克／株）
0.5	45.1a	27.0b	18.5b	12.3a	2.5c	46.4c
1.0	44.9a	25.4c	19.7a	11.8b	6.1a	120.3a
1.5	43.0b	24.9d	17.0c	12.2a	3.3b	56.2b
2.0	45.1a	29.0a	14.4d	10.2c	1.6d	23.1d

— 实验设定：可可泥炭：泥炭土：粗糠按1 ： 1 ： 1混合

— 培养液的供应是山崎草莓培养液

— 每株供应200～300毫升

不同EC浓度下梅香的产量分析（大邱大学，权河俊）

草莓促成栽培时根部的变化（宝交早生）

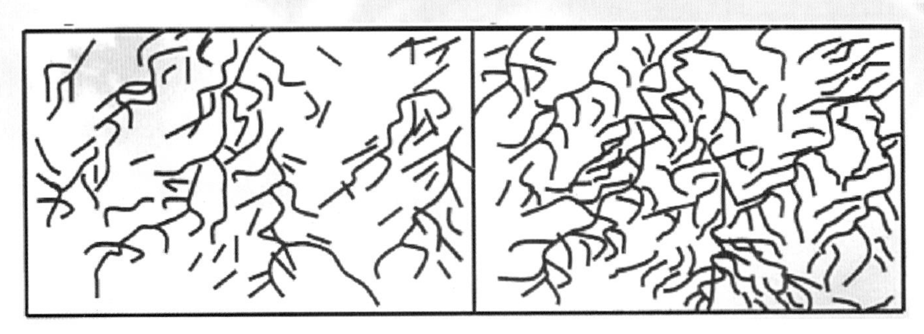

11月30日（开花全盛期）　　12月22日（收获开始）

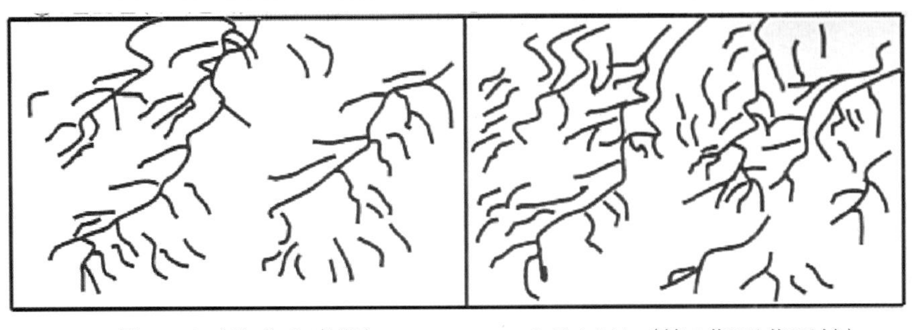

1月29日（收获全盛期）　　3月16日（第2期开花开始）

草莓不同坐果数时根部的变化（宝交早生）

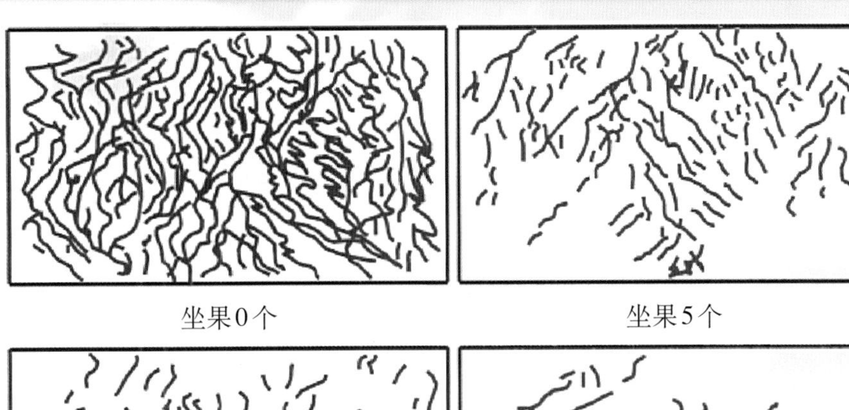

坐果0个　　　　坐果5个

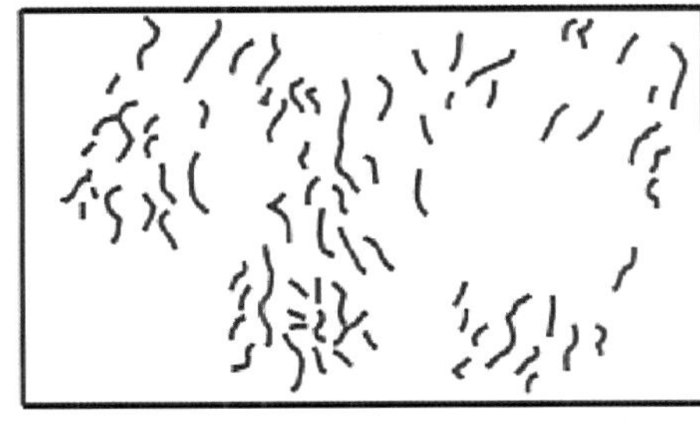

坐果10个

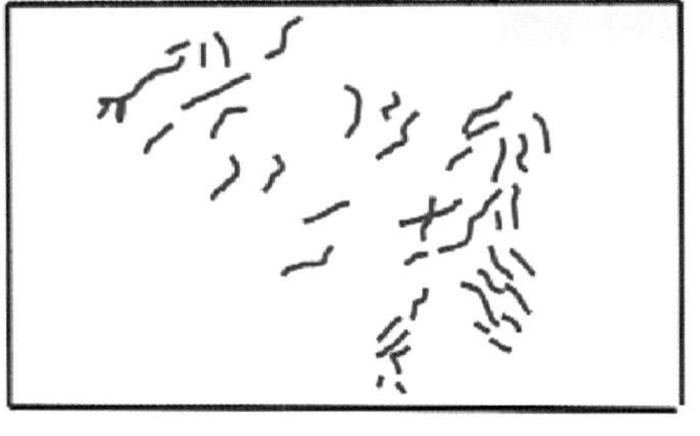

坐果20个

注：定植9月20日，保温开始10月22日，灯光处理11月1日开始至翌年3月。

坐果和数量的关系及与根部的关系

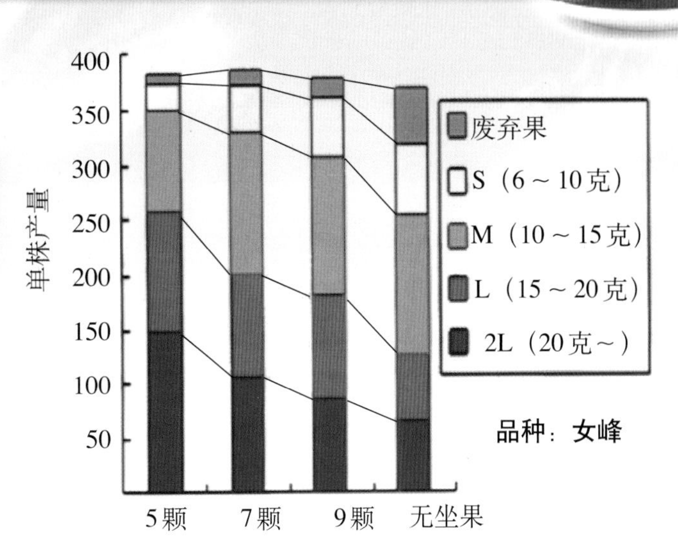

日本各生育阶段EC管理（日本）

（毫西/厘米）（宇田川，1996）雪香品种在论山的泡沫塑料促成栽培上高产

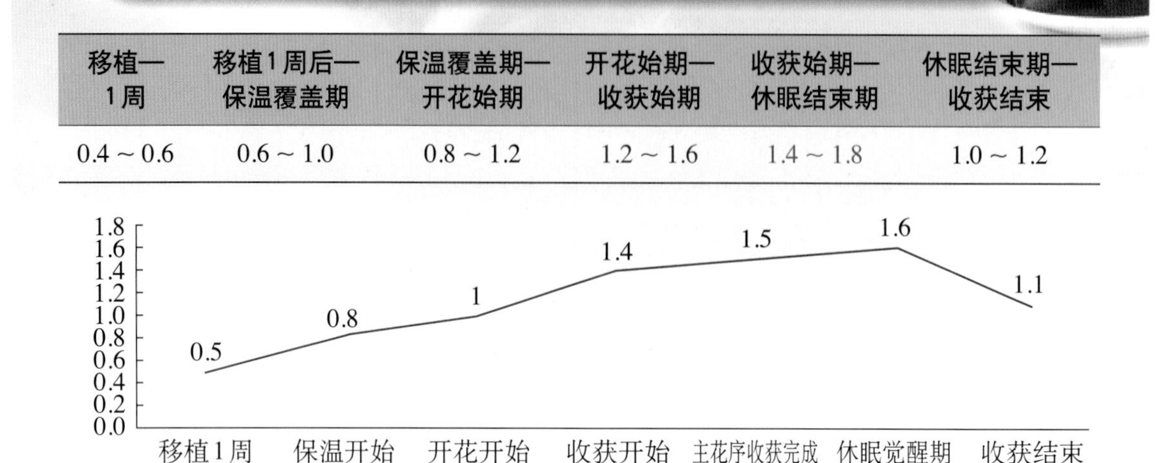

移植—1周	移植1周后—保温覆盖期	保温覆盖期—开花始期	开花始期—收获始期	收获始期—休眠结束期	休眠结束期—收获结束
0.4～0.6	0.6～1.0	0.8～1.2	1.2～1.6	1.4～1.8	1.0～1.2

缓冲力低的混合床土上，日本EC管理在雪香、梅香上水平很高

EC营养液浓度和排液（退水）浓度的变化

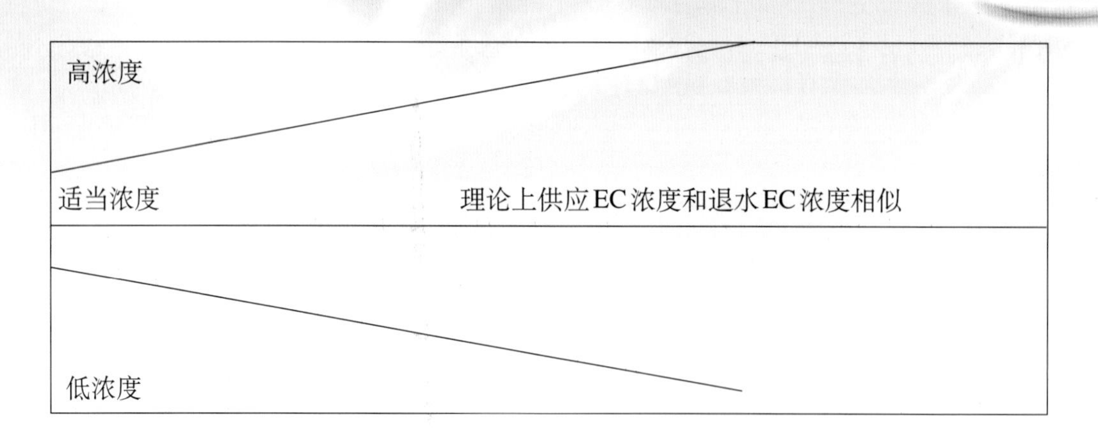

理论上供应EC浓度和退水EC浓度相似

—EC浓度，第1年栽培（珍珠岩+可可泥炭）排液（退水）EC低。原因：可可泥炭（有机培养基）吸收肥料（移植前需要足够的肥料）

—栽培期间，初期的供液EC比退水EC低（根部的活力好）有冬季退水EC（退水）浓度上升的情况（根部活力低下）

—其他：后期因为植株疲劳、根部失去活力，所以吸收力低下

培养基的清洗及养分吸附（缓冲）固定

（1）没有矫正的培养基中含有大量的NaCl等盐分——可可泥炭

（2）因为pH低，所以存在用石灰饱和后才能使用的不便——泥炭土

（3）要充分清洗盐类（10天以上）

（4）按处方处理的培养液，以EC1.0～1.2充分供应3天以上（饱湿、饱肥料）后移植（硝酸钙为中心）

*第1年（珍珠岩+可可泥炭）的培养液需要实施充分的饱湿、饱肥料

供液方法的种类及特性

（1）定时器控制法（按程序控制）

— 考虑培养基特性、生长特性、环境特性

— 按生育阶段及季节进行调整

（2）累计日射量控制法

— 达到累计日射量时供液

— 使用与计时器混合的方法

（3）根据培养基水分计量直接控制

— 重量控制、电极控制、水分感应法

管理供液时的注意事项

○ 原则是按作物的生育阶段、光量，分别供应营养液EC

— 移植初期和晴天增加次数，阴天减少次数

○ 各区域的供应量、EC、pH要经常检查

○ 实际栽培时，EC多少有点差异也无妨

(珍珠岩+可可泥炭=6 ： 4或5 ： 5)

— 初期不管pH高或低都要进行调整后供液

○ 冬季（11月中旬至翌年2月）阴天持续，大棚内的温度低时，果柄的花萼和发芽的花序，下叶会发生急剧褐变

— 在低EC0.8以下，灌水量为1次以下或2～3天断水

管理供液时注意事项

○ 作物的生育过于弱小时

— EC稍微调低管理（EC0.8～0.9）

— 水分吸收量变多，恢复生育

— 增加供应次数（生育初期6～9次）

○ 作物的生育过于强大时

— EC稍微调高管理（EC1.0～1.2）

— 培养基内水分吸收减少抑制生育

— 供液次数限制在4～5次以下

EC管理要领

○ 将供液EC和培养基内（根际）EC之差设定为变动EC

— 生育初期，退水EC要比供应EC低

— 冬天到春天退水EC和供应EC相同或更高

○ 晴天如果供液量少，培养基内EC上升（3月以后培养基EC上升）

○ 供液EC高，整体EC上升

○ 一般而言，培养基内EC变化一天内0.3以上，就需要检查

○ 每天下午最后一次灌水时，EC最低

○ 每天早晨开始前EC最高

○ 供液EC在1.0时，退水EC会有0.5的差异，但在现场时第1年的培养基上，10～11月发生也按正常判定

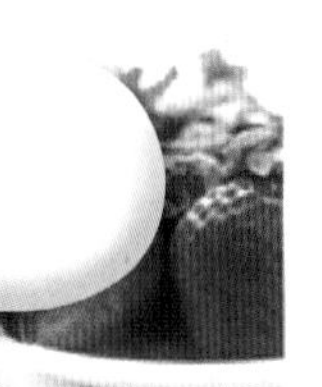

培养基（根际）内EC下降时的对策

○ 移植后培养基内EC下降时（一般情况下会减少）

— 稍微提升EC时或增加灌水次数

— 泥炭土、可可泥炭有机培养基吸附养分

— 移植前实施缓冲（人工床土喂肥料）肥料作业

— 培养液的供应量过多时可能会下降

（移植第1天至第10天成活期水量要多）

— 初期移植后，现场在低EC0.5以下，将灌水量每天持续8～9次时，生育会变好

— 但在实际操作时培养基内EC下降也可以

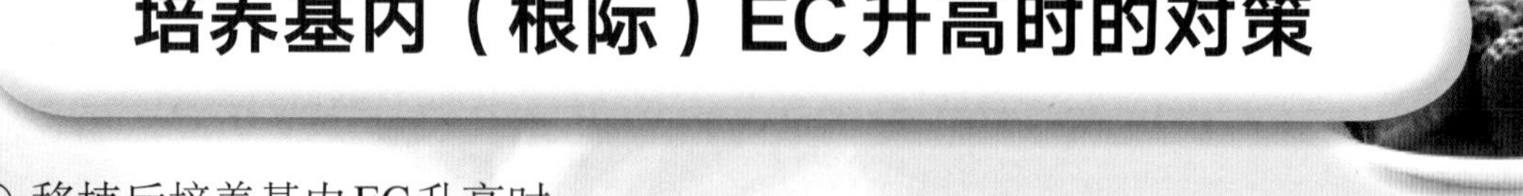

培养基内（根际）EC升高时的对策

○ 移植后培养基内EC升高时

— 培养基内EC高时，首先在昼间增加水量（晴天的上午实施，EC0.7～0.8），供液次数不要增加，增加供液时间

— 平时按一定量的排液来管理（10%～25%）

— 降低供液EC，发生排液来管理

○ 注意事项

发生EC0.3以上急剧变化时，作物会因诱发压力而可能造成生育低下

利用灌满水调整培养基内EC减轻方法

通过泡沫塑料底座灌满水进行综合管理

○ 2月中旬以后，因为日长变化和温度变化，草莓的根部开始恢复，内叶会急速展开，会变大（相当于草莓的换季）

○ 高架栽培的部分农户会进行灌满水

— 将底座的排水口堵住，整个上午按底座的1/2或3/2左右灌满水

— 4小时以内进行排水时，因为草莓根部的EC及pH变化，可以解决生育低下现象（上午9时开始灌满水，到下午2时30分结束）

— 过度的灌满水反而需要注意过湿造成的根部的损伤和疫病、一时的糖度低下

* 只灌清水

* 必须在晴天的上午实施，2月下旬合适（12月至翌年1月之间使用时要注意）

* 是在泡沫塑料底座、珍珠岩+可可泥炭（6 ∶ 4或5 ∶ 5）混合床土等条件下可以使用的方法

* 用灌满水调整pH、盐类直接清除是危险的技术，农户在使用时相当需要注意的技术

2.无土栽培灌水管理

草莓无土栽培的基本灌水

次数和时间：9月10日移植1栋（6排约726米^{2}为准）

移植后～10天	11～20天	20天以后	以后
每天8～9次	8～9次	每天6～7次	每天2～6次，按季节施用

＊以1次2～3分钟为标准。

晴天	阴天	供液开始	供液结束
正常灌水	次数减少1～2次 （也可以断水）	与日出同时	11月至翌年2月：15时以前结束 9月、10月、翌年3月以后：16时前后

草莓无土栽培的基本灌水

每月水量计算：9月10日移植1栋（6排约726米^{2}为准）

移植后～10天	11～20天	20天以后
2.2～2.5吨	1.8～2.2吨	1.5～1.8吨

以1次2～3分钟为标准。

11月	12月至翌年2月中旬	2月下旬	3月以后
1～1.2吨	0.6～1.2吨	1～1.2吨	1.5～1.8吨

草莓灌水量和排液率的关系（参考）

对排液率（退水）的调整

（适当发生排液量是稳定的）

（1）移植初期：灌水量中50%～80%以上（1～10天）

（2）收获前：20%～25%

（3）收获初期（12月）至翌年2月中旬：5%～20%

（4）2月末至3月上中旬：20%～25%

（5）3月中旬至5月中旬：25%以上

各生育阶段供液量（参考事项）

供液量及次数要根据气候、植物活力进行调整

— 每天浇水的次数2～9次

— 每次每棵水量25～60毫升

— 每天每棵水量100～350毫升

— 每天每栋（约726米^{2}6排）（移植6 000～7 000棵）

　量少时600～700升，量多时2 000～2 500升

— 除生育初期外，12月以后限制在2～4次

　需要增加水量时，增加每次灌水时间较为稳定

各滴管产品的流量变化

制造商	产品名称	滴管间隔（厘米）	流量（升/小时）	滴管数量（个）	每小时流量（1 000米）	每分钟流量（1 000米）
美国	T tape	10	0.8	10 000	8 000升	133.3升
以色列	T tape	15	1	6 666	6 666升	111.1升
	super typhoon	10	1	10 000	10 000升	166.6升
	super typhoon	15	1.1	6 666	7 332升	122.2升
	super typhoon	20	1.5	5 000	7 500升	125升
以色列	Aqua drip	15	1.2	6 666	7 999升	133.3升
	Aqua drip	20	1.2	5 000	6 000升	100升
	Hydrolite	15	1	6 666	6 666升	111.1升
西元洋行	Golden drip	20	1.47	5 000	7 350升	122.5升
南京	Waterfall	10	1.1	10 000	11 000升	183升
	Waterfall	15	1.1	6 666	7 332升	122.2升
	Waterfall	20	1.5	5 000	7 500升	125升

各种滴管产品的灌水量计算方法

制造商	产品名称	间隔（厘米）	流量（升／小时）	100米滴管数量（个）	每分钟流量（100米）
美国	T tape	10	0.8	1 000	13.33升
以色列	T tape	15	1	666	11.11升
	super typhoon	10	1	1 000	16.66升
	super typhoon	15	1.1	666	12.22升
	super typhoon	20	1.5	500	12.5升
以色列	Aqua drip	15	1.2	666	13.33升
	Aqua drip	20	1.2	500	10.0升
	Hydrolite	15	1	666	11.11升
西元洋行	Golden drip	20	1.47	500	12.25升

1.（草莓栽培区域平均长度）4 500厘米 ÷（滴管间距）15厘米=300个（滴水数量）
2.滴水数量（300个）×2排×（1 100毫升 ÷2分钟/60分钟）=21 999毫升（22升）

基于培养基特性的灌注流向关系

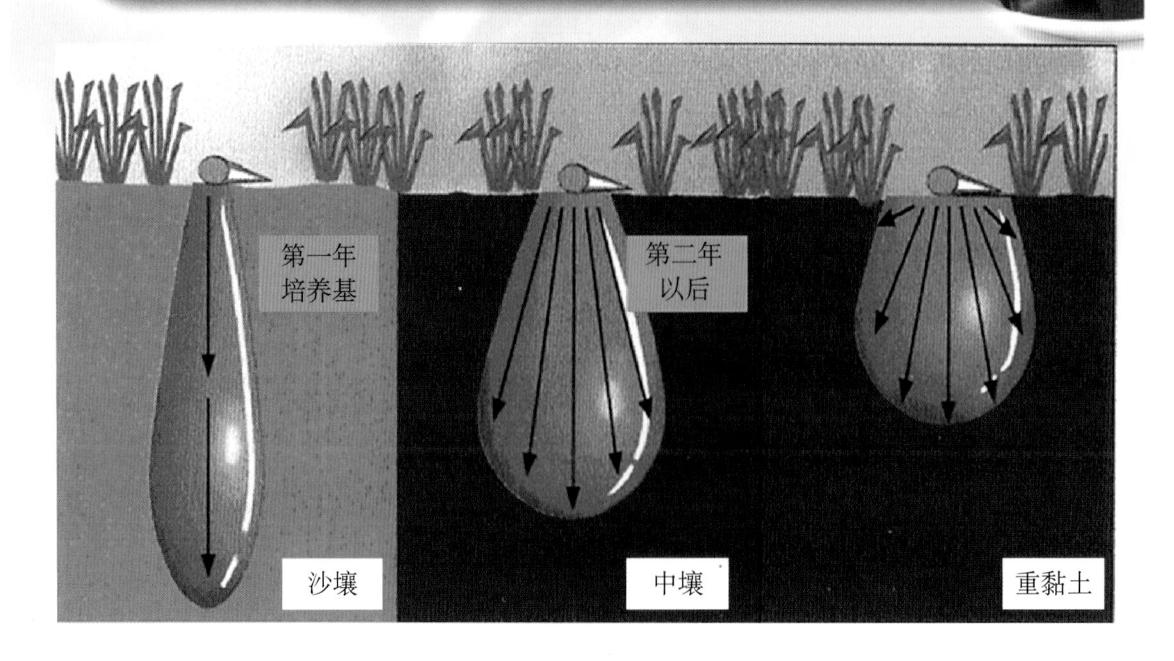

进行灌水的时间管理时，对泵的压力的理解

○ 利用水泵进行供液时压力不一致

— 运行2栋以上大棚时，通过将滴水软管上装满压力对整体进行均匀灌水，需要20～30秒的时间，如果灌水时间过短，有可能会发生完全没有供应的情况（灌水时间一般为2～3分钟）

— 1栋以上会发生供液量的偏差

— 更换滴水软管时，需要更换整个供液线

滴管数量2排和1排的差异

按2排安装

1排会造成初期发育不良

雪香移植初期对灌水量的试验（大邱大学，权河俊）

○ 培养基：可可泥炭，直径10厘米的塑料钵
○ 试验区处理（每次5棵，重复3次，使用草莓专用的山崎培养液）
— 将浓度0.6毫西/厘米的培养液从10月4日至10月14日每天供应9次，每次1升
—（上午9时开始，下午5时为止，每小时都要供应）
— 用相同的方法每天供应5次（上午9时、11时，下午1时、3时、5时）
— 用相同的方法每天供应3次（上午9时、12时，下午3时）
— 用相同的方法将500毫升培养液供应3次（上午9时、12时，下午3时）

雪香移植初期的灌水量，农户的现场使用情况

移植后1～20天

○ 草莓的无土栽培上，在移植时事先要把培养基弄湿，移植结束后的3天要充分进行灌水，达到80%的排液率
○ 特别是，供液软管要粘贴在上，使根茎一直处于湿的状态
○ 之后的1周，通过充分的水分供应，使排液量超过50%。移植时的水分数量直接影响根部的生成及成活，旺盛的根部生成使初期生育变得旺盛，对主花序花的数量增多也有直接的影响
○ 雪香移植后充足（过多的程度）的供液会使根部的生长加快并旺盛，通过草莓根部的初期成活，使初期生育变得旺盛、为主花序花的坐果增加做出贡献
○ 在不同的反复试验结果也能看到，供液量多的时候，新根的生成就会多，供液量少的时候根的颜色会有变化，意味着加快了老化

早晨第1次供液时地温和供液温度

早晨第1次供液时地温和供液温度

○ 一般情况下，第一次供液时间在日出后的1～2小时进行

○ 供液2小时之前，通过锅炉或温水加热器，将根际的温度提升到15℃以上（18℃）

○ 供液温度要按17～21℃供应，根际温度高才有利于营养液和水分顺利吸收

○ 从草莓的特性上而言，通过上午的光合作用（70%）进行生长是非常重要的，因此，上午需要将根际的温度迅速提升到肥料吸收率最好的18℃

○ 供液温度过度上升时，因为地温和空间温度、地温和供液温度的差异，会产生雾气，如果第2花序和第3花序在根际附近，因为过湿发生灰霉病的可能性高，所以，需要延迟第1次供液时间，或者供液前培养基温度提升，必要时还需要提升空间温度

利用灌水调整根际pH增减的方法

利用灌水进行的综合管理

○ 底座的长度控制在50米以下，与一定的灌水量相比，需要产生15%～30%的排液（退水）才算稳定

○ 移植初期（10天）水量要多，按管理阶段和气象条件进行调整是原则

○ 与供应的pH相比，根际pH高或低，都要通过供液量增加，调整根际的环境

— 给予调高或调低pH设定浓度的变化

— 双滴式（如果实施1天4次灌水，灌水后休息片刻后2分钟以内再次进行灌水）

— 每天增加1次灌水量（主要是在上午10时前后，按一般灌水量的2倍实施较安全）

冬季如果晚了可能会造成过湿，选择晴天实施为原则

○ 相比于供液EC，根际的EC增减产生差异时，增加灌水量比较好，管理时使之发生排液，才算稳定

利用灌满水调整根际pH增减的方法

利用底座灌满水进行的综合管理

○ 2月中旬以后，因为日长变化和温度变化，草莓的根部开始恢复，内叶会急速展开，会变大（相当于草莓的换季）

○ 高架栽培的部分农户会灌满水

— 将底座的排水口堵住，整个上午按底座的1/2或3/2左右灌满水

— 4小时以内进行排水时，因为草莓根部的EC及pH变化，可以解决生育低下现象（早上9时开始灌满水，到下午2时30分结束）

— 但是对于过度的灌满水反而需要注意过湿造成的根部损伤和疫病

* 只灌清水，或用低EC0.3实施

* 必须在晴天的上午实施，2月下旬合适

* 珍珠岩+可可泥炭（6 ： 4或5 ： 5）混合床土的条件下可使用的方法

* 用灌满水调整pH、盐类直接清除是危险的技术，但农户在使用

* 是相当需要注意的技术

3. 无土栽培pH管理

氢离子浓度（pH）

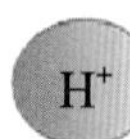

○ pH是测量土壤或培养基内氢离子（H^+）浓度活跃程度的指标，用氢离子（H^+）倒数的对数值定义。即$pH=\log_{10} 1/^-$【H^+】。

纯水的【H^+】在25℃时1×10^{-7}，所以，纯水的pH是$\log_{10} 1/$【1×10^{-7}】=7，显示为中性，即氢离子（H^+）数量和氢氧根离子（OH^-）数量相同 。

pH范围是0～14。氢离子（H^+）比氢氧根离子（OH^-）多，土壤就呈现酸性，pH是7以下；反过来氢氧根离子（OH^-）比氢离子（H^+）多，就呈现碱性土壤，pH是7以上。

pH是H^+离子倒数的对数值，所以pH从7提升到8，就意味着土壤的碱性增加了10倍，pH从7下降到5，就意味着土壤的酸性增加了100倍。

草莓无土栽培营养液供应pH适宜范围

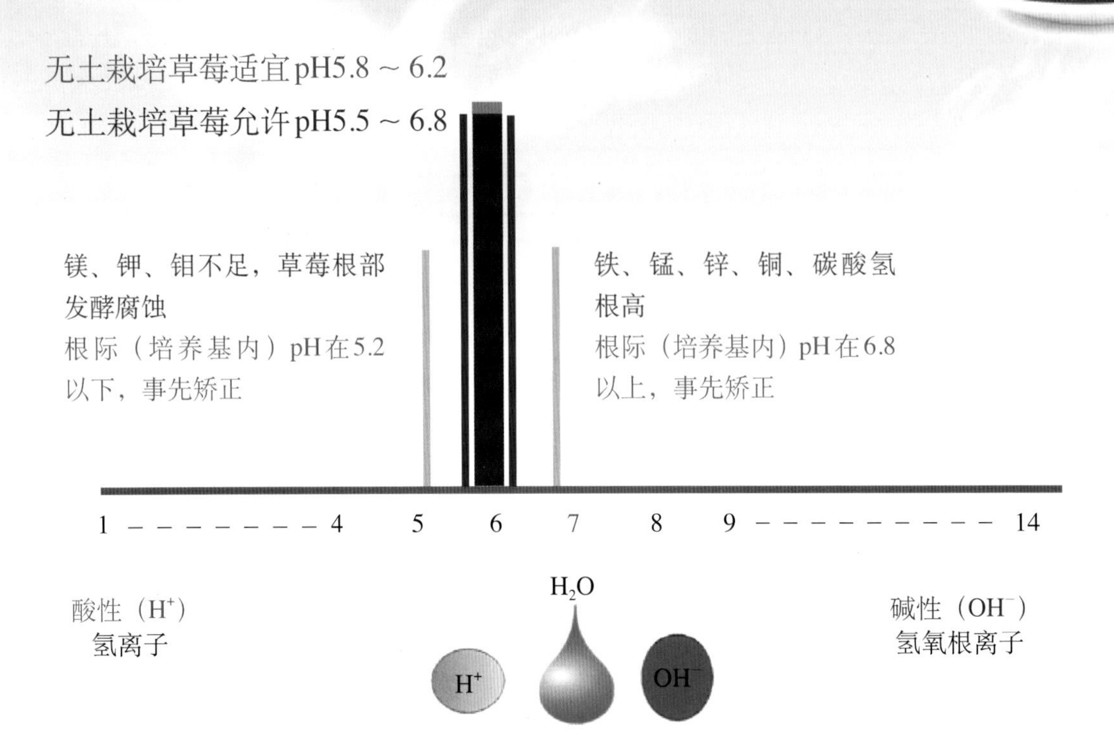

草莓无土栽培的pH管理

为了产量提高和品质提升进行的pH管理

最适宜pH	适宜pH	排液的产生	排液的碱性
5.8 ~ 6.2	5.5 ~ 6.8	氧化钾	硝酸、磷酸、硫酸

硫酸：带有强腐蚀性

磷酸：相比于其他酸，使用便利，但如果培养液中钙（Ca）含量高，就会发生白色沉淀物（大量使用时可能会诱发矮化，铁、锰缺失）

硝酸：氮源，大量使用时，会出现氮素过剩问题，带有强腐蚀性和爆发性（使用最多）

硫铵（硫酸铵）：在优先吸收铵的作物上，用少量也能降低pH（实操中几乎不使用）

超过草莓适宜pH范围会产生的问题

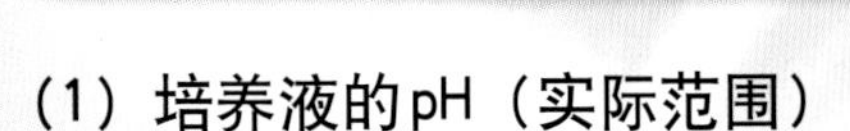

（1）培养液的pH（实际范围）

— 最适宜5.8 ~ 6.2, 适宜5.5 ~ 6.5, 允许5.2 ~ 6.8

— pH低，一般而言，负离子的吸收好

— pH高，正离子的吸收好

（2）pH在4.5以下时

— Ca、Mg、K等碱性盐类无法溶解

— 尿素形态、过多氨、氨基酸过多使用时下降

（3）pH在7以上时

— 铁沉淀成$Fe(OH)_3$，所以植物不能利用

（4）pH在8以上时

— Mn和P缺少

培养基内pH变化的原因

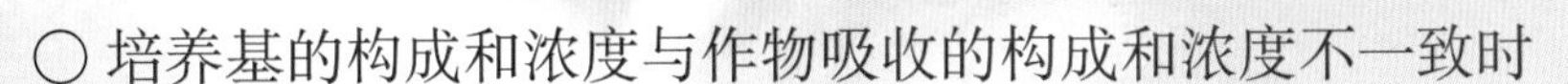

○ 培养基的构成和浓度与作物吸收的构成和浓度不一致时

— 越是高温、高光度，吸收越多，pH会变高

— 越是低温、低光度，吸收越少，pH会变低

○ 过多使用铵（NH_4^+）

— 因为吸收了大量铵（NH_4^+），所以pH会下降

○ pH上升

— 因为负离子吸收旺盛，pH下降在正离子吸收旺盛时出现

基于草莓和培养基性质的pH变化原因

○ 基于作物的变化

— 作物固有吸收倾向不同

— 比负离子吸收更多正离子的作物，其培养液pH低

○ 基于生育阶段的变化

— 营养生育期因为硝态氮吸收旺盛，所以pH上升

— 果实膨大期，钾的吸收旺盛，所以pH下降

○ 基于培养基的变化

— 基质栽培上，基于培养基的性质pH发生变化

— 泥炭土（强酸性pH低），可可泥炭（弱酸性）呈现酸性，所以根据培养基，分别调制培养液的pH，每天需要测量

肥料吸收带来的根际pH变化

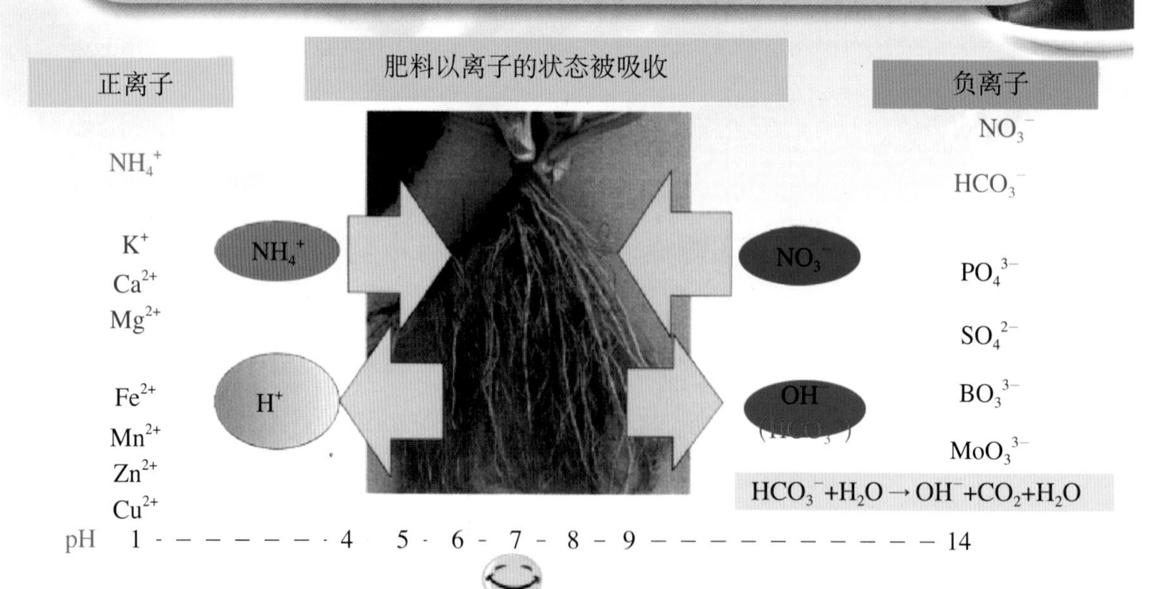

硝态氮帮助吸收正离子

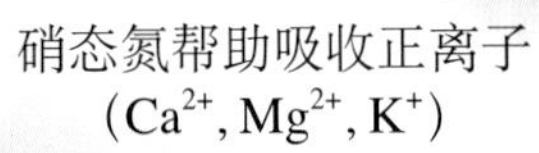

硝态氮帮助吸收正离子
(Ca^{2+}, Mg^{2+}, K^{+})

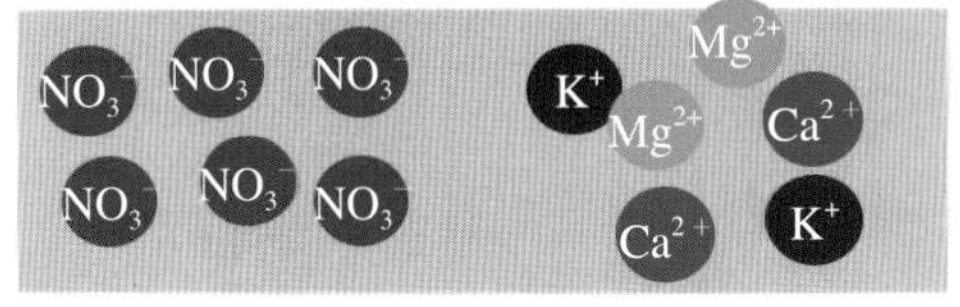

正离子吸收协同效果

铵与正离子是竞争关系
(Ca^{2+}, Mg^{2+}, K^{+})

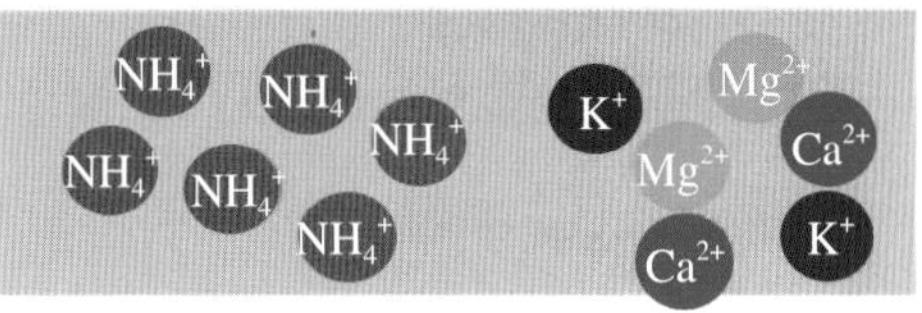

正离子吸收阻碍

草莓生育各阶段的根际pH变化

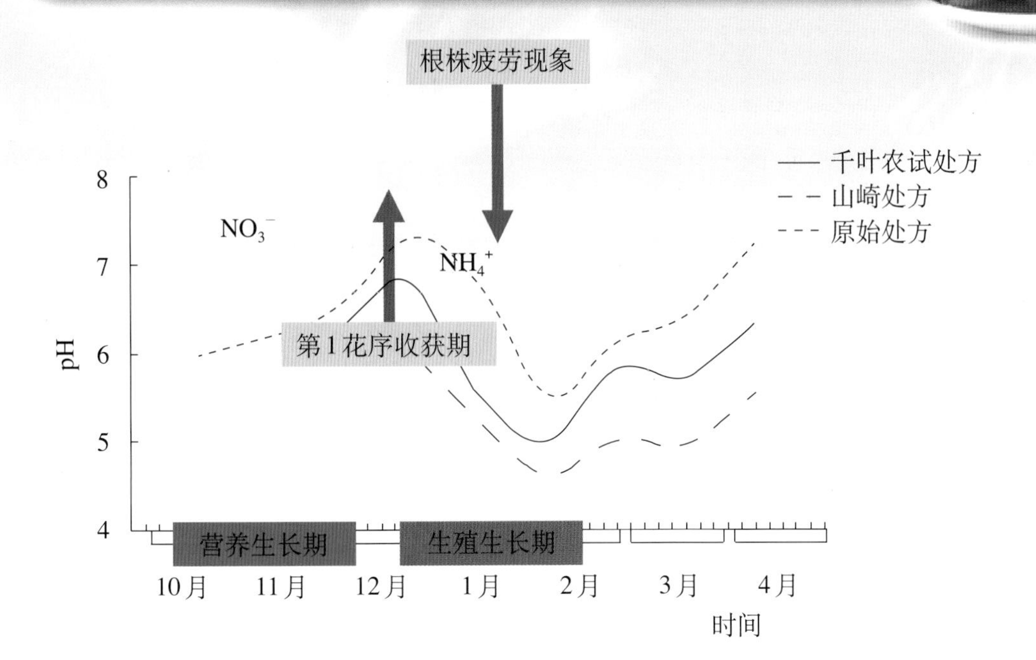

使pH发生变化的肥料

○ 提升pH的肥料：（氢氧化钾）KOH，（碳酸氢钾）$KHCO_3$

— 效果只是一时性，所以短期内再次下降的情况较多

○ 降低pH的肥料：（硫酸）H_2SO_4，（硝酸）HNO_3，（磷酸）H_3PO_4

— 硫酸的吸收速度慢，大量使用时硫酸离子会累积造成EC提升，所以注意避免大量使用

— 磷酸本身很难造成伤害，但如果与钙发生反应就会形成沉淀，所以要注意磷酸的过度使用

用于调整pH的营养液的调整方法

○ 硝酸

— 比硫酸更危险，所以处理时需要注意

— 硝酸本身就是氮源，所以培养液内，如果钙含量多，pH高，直接使用硝酸代替硝酸钙

○ 硫酸铵（硫铵），硝酸铵等（校准根际pH）

— 在优先吸收铵的作物（生菜、草莓等），可以用很小的量调低pH

○ 底座上如果突然加入硫酸（H_2SO_4）或氢氧化钾（KOH），会发生酸碱造成的伤害

— 在营养液罐中逐步少量加入

对根际pH变化原因的综合理解

○ 草莓在营养生长期pH上升，在第1花序收获期开始下降

— 营养生长期（叶片、茎）通过吸收硝酸和磷酸等，pH会上升

— 草莓根部会排出OH^-（排出氢氧根离子）——pH上升物质

— 生殖生长期（果实），随着吸收钾、镁等正离子，pH会下降

— 草莓根部会排出H^+（排出氢离子）——pH下降物质

* 草莓在吸收养分的时候，为了达到均衡，从根部排出离子

○ 地下水自身的（钾、镁）正离子含量高时，pH高

○ 碳酸氢根（HCO_3^-）高时，pH高

○ 根部因为过湿、老化，会排出有机酸、氨基酸，这时pH高

○ 根际的pH下降到5.5以下或上升到6.8以上时，需要采取措施

调低根际pH的方法

○ 使用酸性有机物：泥炭土（pH 4）

○ 利用铵态氮：处方交换（磷酸铵、硝酸铵10%以下）

○ 在C罐中加入酸性水（硝酸、磷酸、硫酸）进行调制后，利用pH调整设备，在pH5.5～5.8的范围内持续灌水，直至根际的pH达到6.0～6.8的范围

实际操作时，因为磷酸与钙的反应，会出现沉淀现象和初期铁不足，所以使用硝酸

○ 用微量元素2 000～3 000倍溶液喷洒在叶面

或在500升水中加入铁60克（DTPA）、锰100克，混合后向叶面施肥

实际使用时，用DTPA（6%）液态铁代替EDTA（13%）铁粉

○ 要彻底管理好培养基内的水分（遵守排液标准）：双滴管（连续2次灌水）

调高根际pH的方法

○ 利用硝态氮（处方交换，提高10%～20%硝酸钙数量）

○ 1 000升水只放100～150克碳酸氢钾进行灌水

○ 在5吨水中稀释200克氢氧化钾进行施肥（pH约为8）

用C罐调制1～1.5升氢氧化钾放入200升水后，利用pH调整机（pH7～7.5）

在农户，如果5～7天，C罐的水全部用完，就可以判定合适

○ 发生缺钙时，以1周为间隔，将硝酸钙（10水盐）施肥到叶面上

○ 要彻底管理好培养基内的水分（遵守排液标准）：双滴管（连续2次灌水）

基于NO_3^- ：NH_4^+比例的pH变化

高圆锥钵栽培：移植后60天左右pH变化的测量结果

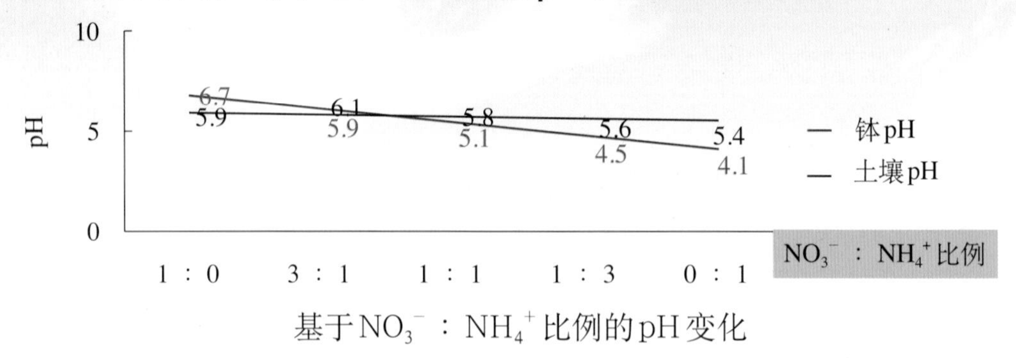

基于NO_3^- ：NH_4^+比例的pH变化

○ 9～11月草莓的硝酸（NO_3^-）和铵（NH_4^+）比例，按10 ：1以下管理为好。移植后，冬季12月15日前后，使用铵态氮10 ：0.5或10 ：1

○ 草莓移植初期，水质pH是7以上或碳酸氢根为100毫克/千克时，允许硝酸：铵的比例为10 ：1.5（9～10月），要在移植后30天内使用

○ 生育12月开始，草莓根际的pH会下降，这时如果再使用大量的铵，pH会下降更多，因此会发生问题

基于根际pH的无机养分吸收

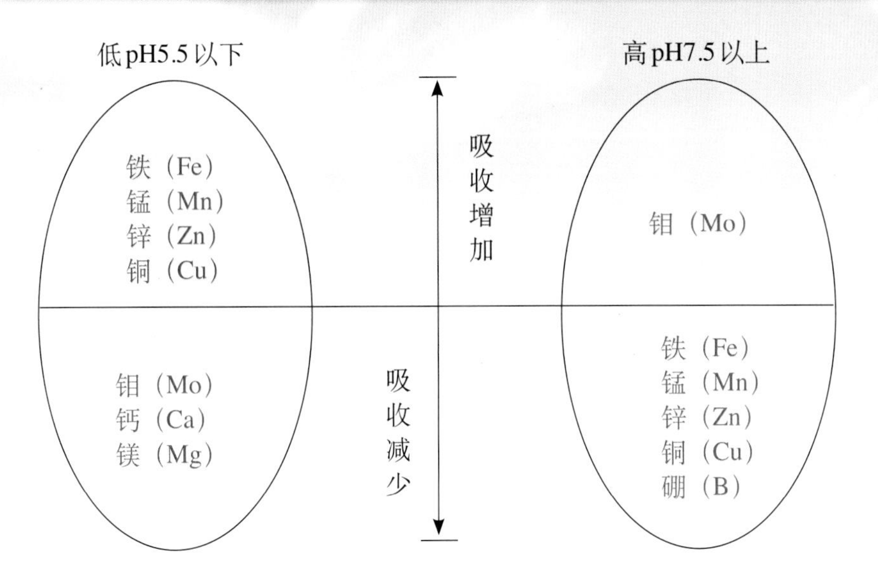

对各种养分pH的有效度变化（土壤）

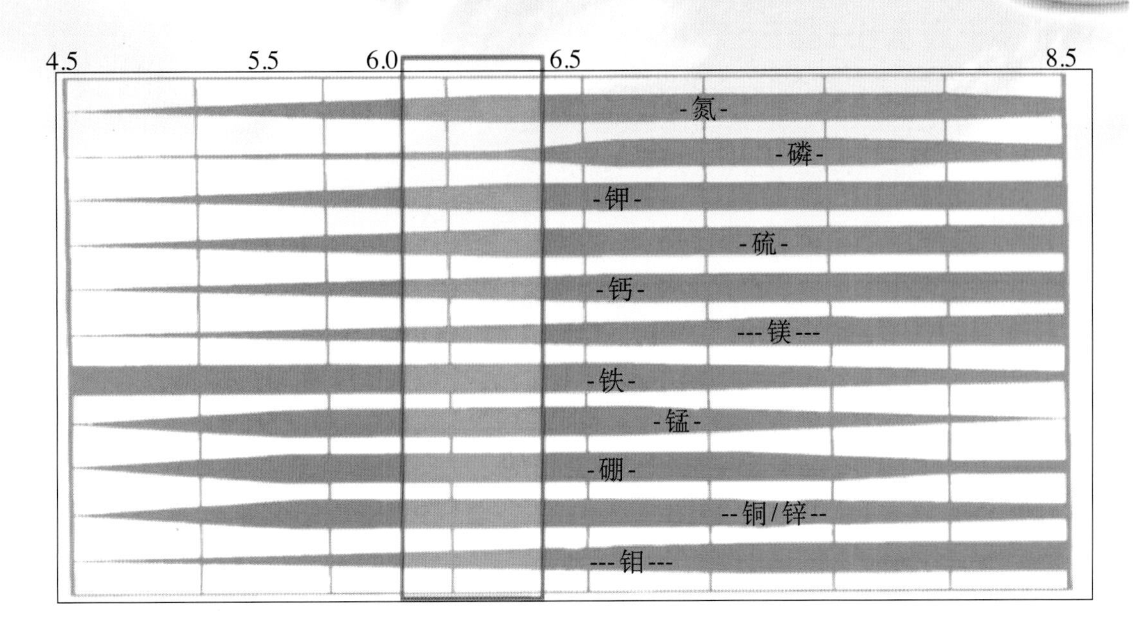

对各种养分pH的有效度变化（高架栽培）

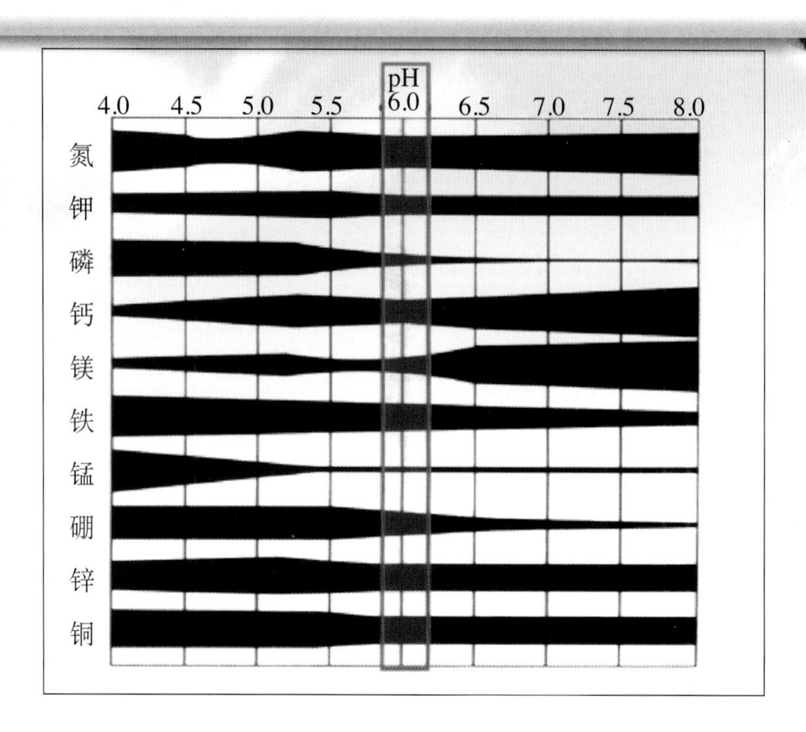

无土栽培的铁和微量元素在pH上升时会缺失

基于原水pH的Fe吸收（如果碳酸氢根高）

铁是植物所必需的元素之一，如果不能以螯合物的形态供应，就会随着pH的上升容易以$Fe(OH_3)$发生沉淀

建议使用DTPA螯合铁

基于pH的Fe的供应		
pH7.0以下	pH8.0以下	全领域
Fe-EDTA	Fe-DTPA	Fe-EDDHA

4. 无土栽培温度管理

促成栽培大棚的空间温度管理标准

生育阶段	昼间（℃）	夜间（℃）	备注
保温开始之后	28～30	12～15	◉ 移植之后：低温管理——安装遮阳膜 ◉ 保温初期是腋花序分化时期 → 不要超出昼间30℃以上，夜间12℃以下范围 ◉ 地温按18～21℃管理 ◉ 果实膨大期、收获期夜间温度要按6℃以上管理
发芽期	26～27	10	
开花期	25	10	
果实膨大期	25	6～8	
收获期	25	6～7	

高架无土栽培温度管理（冬季）

（1）生育空间温度（12月至翌年2月）

—（最佳昼间温度23～28℃） —（最佳夜间温度6～9℃）

—（夜间最低温度6～8℃以上）— 第1花序果实收获期（12月27～28日）

（2）根际温度（培养基温度）：（最佳昼间温度17～23℃），（最佳夜间温度12～13℃）

— 最低温度：8℃，最高温度：23℃

（3）培养液温度：（最佳20～25℃）

＊培养基罐注意避免直射光线（安装在20～25℃范围内的场所）

＊要避免完全密封的场所

（4）原水温度：（最佳17～23℃）（在论山地区，12月以后给原水加热后供应）

（5）早晨，根际的温度要迅速提升

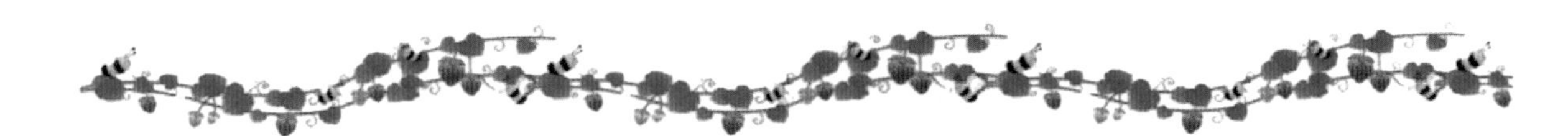

高架无土栽培温度管理（移植之后）

（移植之后，为了促进花芽分化进行的10天管理）

（1）生育空间温度：校准到25℃以下

通过遮光膜70%（7～10天）安装和寒冷纱（7～10天）安装降低室内温度

— 10天以上遮光时，会因为日照量不足造成花芽分化的延迟

（2）根际温度（培养基温度）：（17～23℃以下，尽可能调整）

— 通过地下水的冷灌溉，将基质的温度调整到23℃以下

（3）移植当天开始10天内，通过6～8次灌水降低培养基温度

— 有促进根系生长、降低培养基内温度的效果

— 上午10时开始，以1小时为间隔，每天进行6～9次灌水，每次2～3分钟

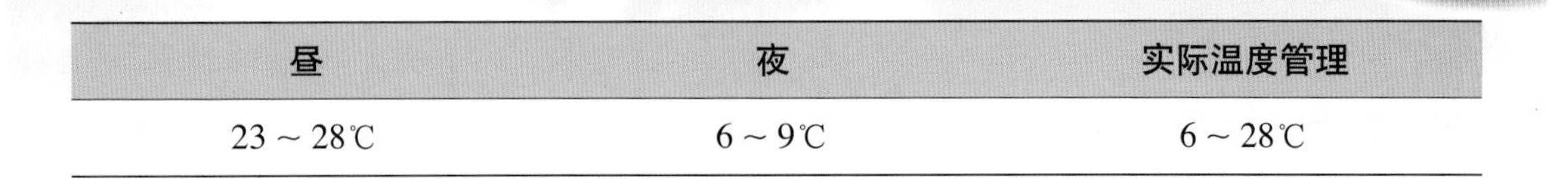

草莓无土栽培空间温度管理（冬季）

昼	夜	实际温度管理
23～28℃	6～9℃	6～28℃

草莓空间温度及光合作用增产

温度和光合作用、增产之间的关系

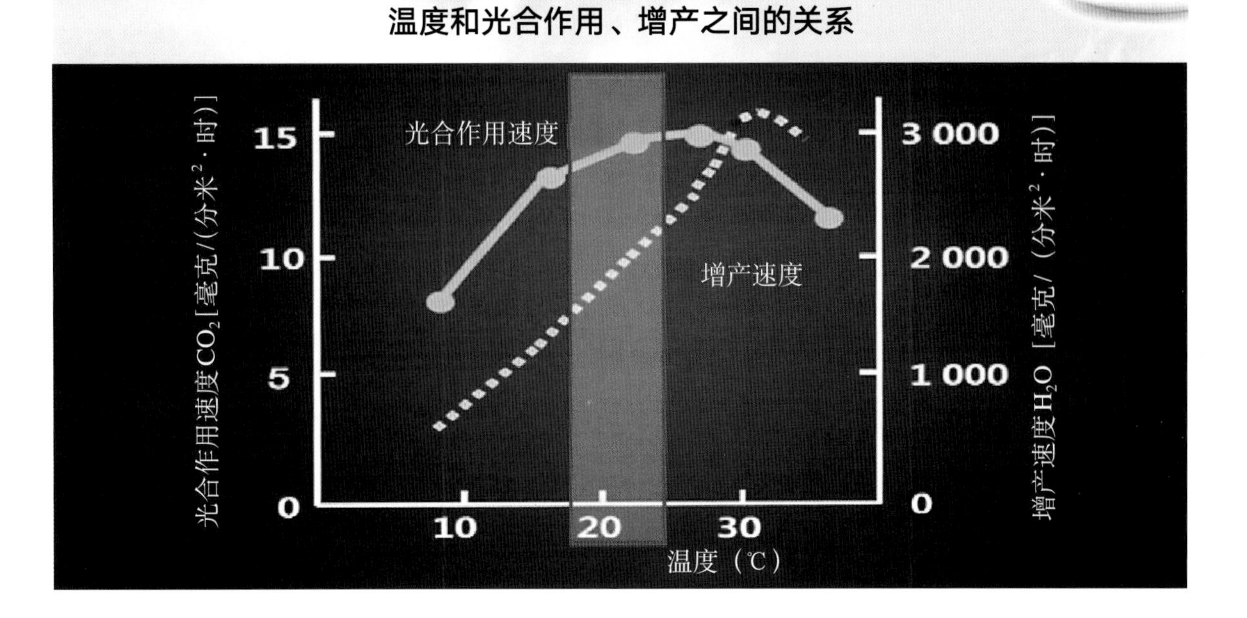

不同夜间最低温度下早期收获量比较

（庆南农业技术院，尹惠淑）

品种	夜间最低温度（℃）	商品数量（颗／株）	单颗重量（克）	商品率（%）	1 000米^{2}商品数量（千克）	指数
章姬	9	17.0a	19.2a	98.3	3 326a	100
	6	15.0ab	18.1a	96.6	2 700b	81
	3	14.2b	18.7a	96.9	2 595b	76
雪香	9	16.2a	21.2a	98.5	3 432a	10
	6	16.2a	19.0a	95.7	3 067ab	89
	3	14.3a	20.6a	98.5	2 940b	85
梅香	9	16.3a	16.1a	98.1	2 625a	100
	6	13.2b	15.4a	95.6	2 045b	78
	3	11.6b	15.1a	94.6	1 752b	67

＊ 2009年庆南农业技术院（尹惠淑）夜间：18:00～08:00，商品数量：11月20日至翌年3月15日。

不同夜间最低温度下总数量比较

（庆南农业技术院，尹惠淑）

品种	夜间最低温度（℃）	商品数量（颗／株）	单颗重量（克）	商品率（%）	1 000米^{2}商品数量（千克）	指数
章姬	9	28.1a	19.1a	96.9	5 388a	100
	6	26.1ab	17.6b	94.9	4 595b	85
	3	23.6b	18.6ab	96.3	4 382b	81
雪香	9	31.1a	19.7a	96.6	6 133a	100
	6	28.7ab	18.2a	93.3	5 205b	85
	3	25.6b	19.4a	97.7	4 961b	81
梅香	9	29.3a	15.6a	95.4	4 608s	100
	6	23.2b	15.4a	94.2	3 575b	78
	3	22.2b	14.8a	92.1	3 292b	71

＊ 2009年庆南农业技术院（尹惠淑）夜间：18:00～08:00，商品数量：11月20日至翌年5月30日。

无土栽培根部（根际）温度管理

夜间温度管理	昼间温度管理
12～13℃	17～21℃

夜间锅炉热水供应温度为30℃，维持12～13℃

如果温度足够，会进行换气，就会供应二氧化碳

无土栽培根部（根际）温度管理

根际的温度影响养分和水分的吸收

○ 根部温度高

— 因为根部生长速度快，所以促进老化

— 细长且分枝多，茎部和叶子变长

— 温度高，增加根部的呼吸，溶解氧会减少

○ 根部温度低

根部粗长且分枝少，茎部变短

○ 适宜温度及极限温度：低温极限8℃，高温极限23℃

适宜温度：17～18℃

○ 适宜养分吸收的培养液温度：17～21℃

基于（根际）温度的根部的生育

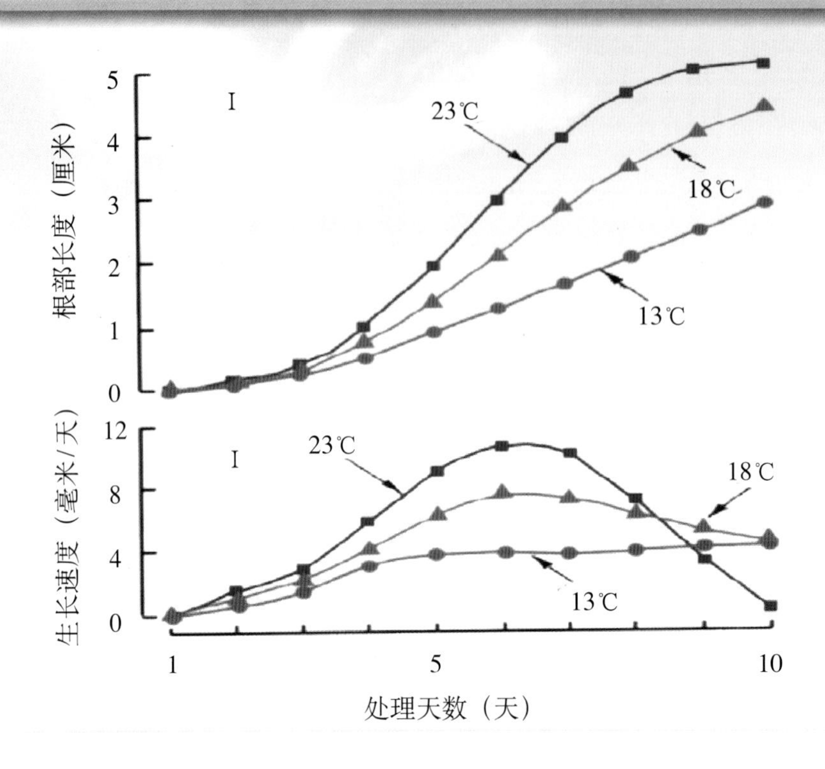

不同温度下肥料的吸收率（地温）

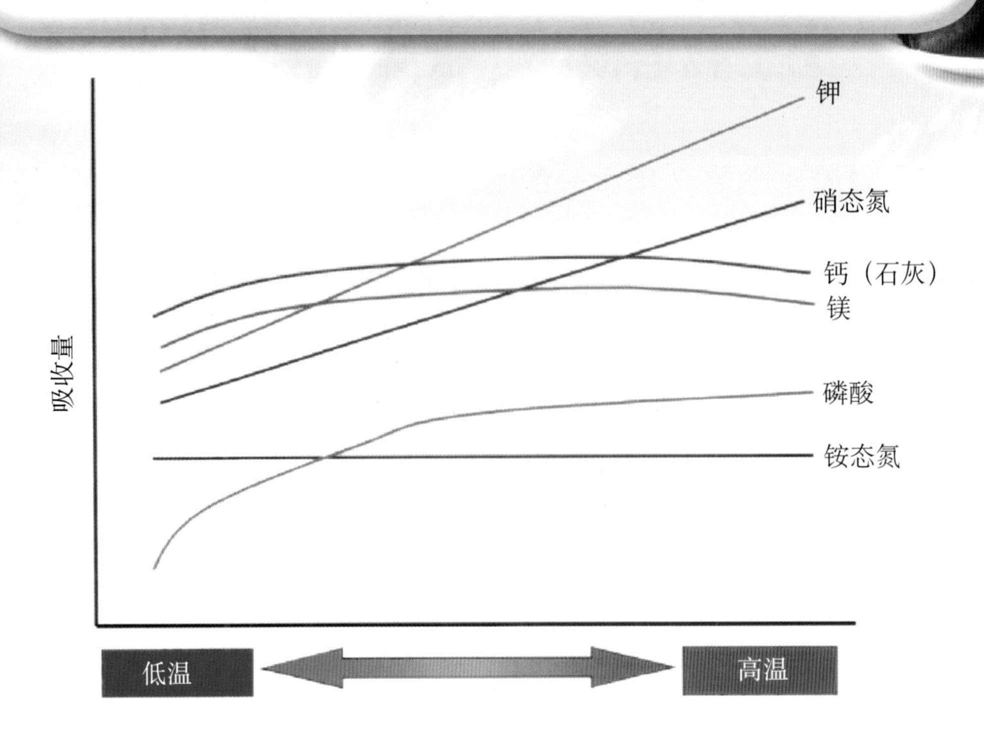

高架无土栽培（地上、地下部分）温度管理

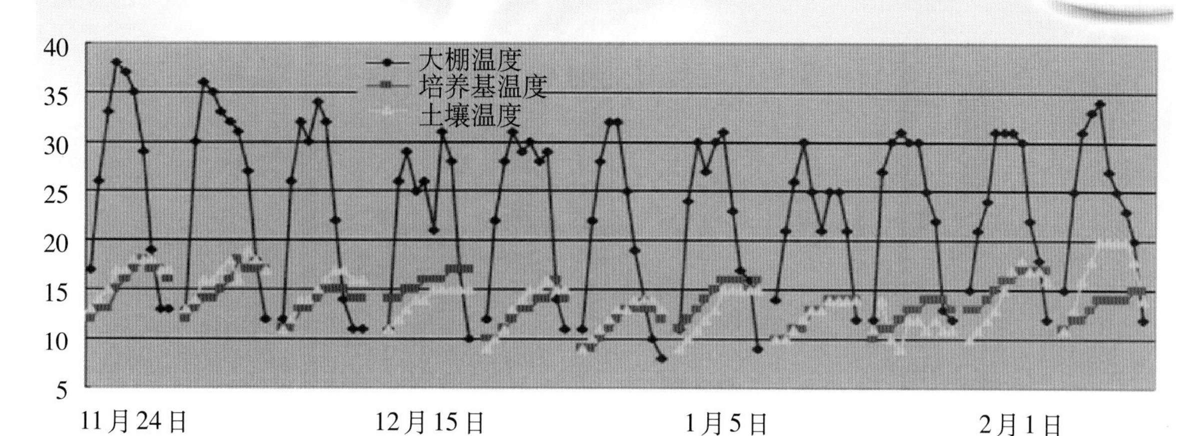

上午急剧的温度上升（换气）：植物体结露现象、生长活动低下、灰霉病多发

上午根际温度低，养分和水分的吸收下降，光合作用不足造成生产低下

不同培养基温度（地温）夜间温度管理

（园艺特作科学院，金道仙）

品种	处理区分（气温/地温）	1 000米²商品数量（千克）	1 000米²毛收入（千元）	1 000米²经营费用（千元）	1 000米²收益（千元）	指数
梅香	无处理/10℃	2 336	8 992	5 346	3 646	100
	无处理/13℃	2 649	10 196	5 589	4 607	126
	8℃ /10℃	2 817	10 841	6 166	4 676	128
	8℃ /13℃	3 032	11 670	6 333	5 336	146
雪香	无处理/10℃	2 916	11 225	5 797	5 428	100
	无处理/13℃	3 115	11 990	5 952	6 038	111
	8℃ /10℃	3 632	13 981	6 801	7 180	132
	8℃ /13℃	3 884	14 948	6 996	7 952	147

设定最低气温为8℃，最低地温为14℃进行管理，可以促进生育和增加生产性

5.无土栽培人工床土

无土栽培人工床土的条件

○ 应为无菌无营养状态，而且每年都能采购相同质量的材料

○ 再现性和耐久性好，一次安装之后至少要连续使用5年

○ 物理性能（透水性、适当的保水性）良好

○ 人工床土各地区使用形态

— 忠清道：多使用2种混合床土（珍珠岩+可可泥炭）

— 庆尚道：泥炭土、可可泥炭等有机培养基

— 在床土中没有做好除盐作业的床土在第一年栽培时需要注意

○ 除盐作业和pH调整床土

— EC：除盐到0.4以下，pH：调整到5.5～6.5的床土

○ 价格低廉，废弃便利

○ 论山地区的农户喜欢混合床土（珍珠岩+可可泥炭）

6. 营养液调制方法

在A罐和B罐中，营养液组成放多少？

在A罐和B罐中，营养液组成放多少？

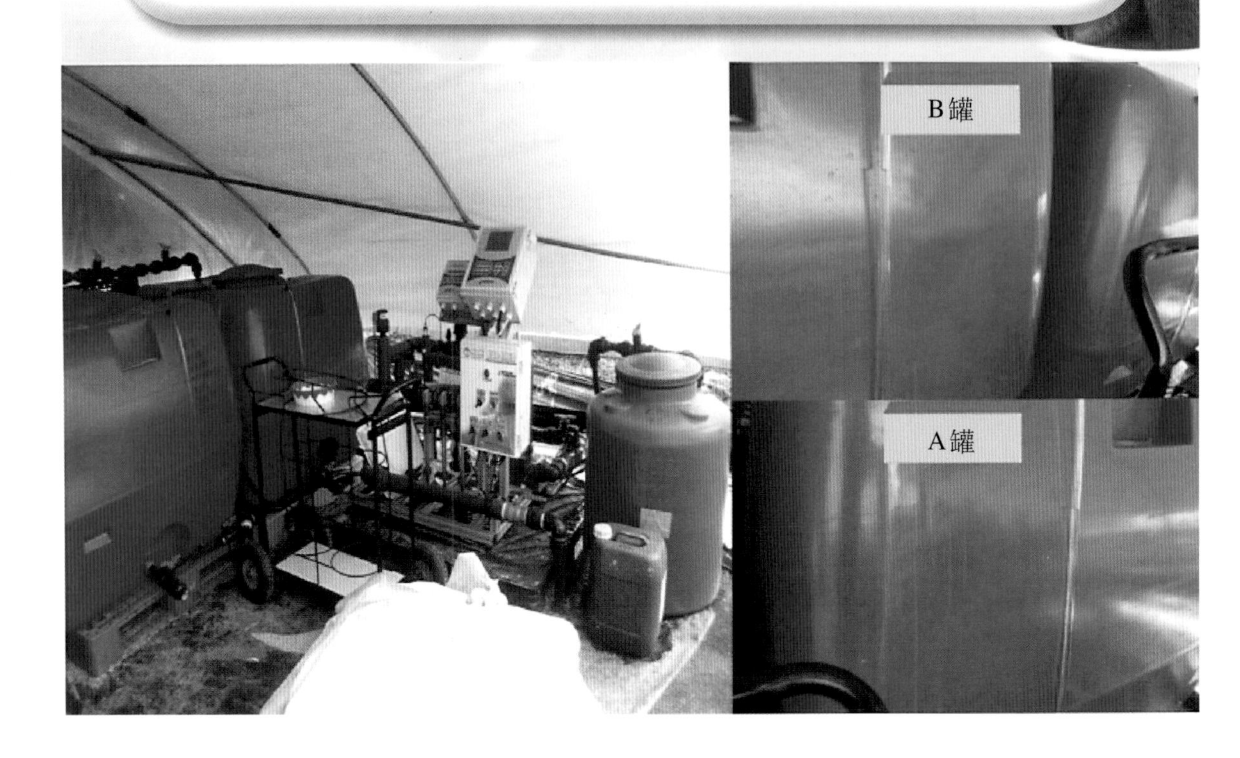

多种处方种类的分析（规定浓度：摩尔/升）

处方种类	营养液成分							
	NO_3^-—N（硝酸）	NH_4^+—N（铵）	P（磷酸）	K（钾）	Ca（钙）	Mg（镁）	SO_4^{2-}（硫）	EC（毫西/厘米）
首尔大学 果实膨大期	8.4	0.3	3.0	5.8	3.0	2.5	2.5	1.28
首尔大学 营养生长期	9.6	1.7	3.0	5.8	3.0	2.5	2.5	1.41
韩国 园艺特作科学院	6.0	0.2	2.0	3.5	3.0	1.0	1.0	0.84
日本原始	13.0	1.0	3.0	6.0	6.0	4.0	4.0	1.85
章姬	5.0	0.5	1.5	3.0	2.0	1.0	1.0	0.7
宇田川 开花—收获期	6.4	0.7	4.3	5.0	2.1	1.1	1.1	1.04
千叶农试	11.0	1.0	3.0	6.0	5.0	4.0	4.0	1.7
PBG泥炭	11.5	1.0	3.0	5.5	3.3	2.5	3.0	1.49

论山农技中心（郑寺旭）4段处方（规定浓度：摩尔/升）

处方种类	营养液成分							
	NO_3^-—N（硝酸）	NH_4^+—N（铵）	P（磷酸）	K（钾）	Ca（钙）	Mg（镁）	SO_4^{2-}（硫）	EC（毫西/厘米）
第1阶段 初期栽培（移植后30天以内）	10.0	1.5	3.0	4.5	5.0	3.0	2.5	1.48
第2阶段 初期栽培（开花前后—初期收获，10月10日前后至12月15日前后）	8.0	0.8	2.6	3.5	4.0	2.0	2.0	1.15
第3阶段 冬季（气温、地温低下期，12月15日前后至翌年2月15日前后）	8.0	0.5	2.0	3.5	3.5	2.5	2.5	1.13
第4阶段 生育后期（2月15日至收获结束）	8.2	0.8	3.0	3.5	5.0	2.0	2.0	1.23

营养液肥料溶解顺序（营养液A罐）

（1）准备肥料后，分别准确称重

— 肥料处方量纯度基本上是100%，所以要计算纯度

— 易溶解的硝酸钙等，如果与空气接触，会吸收水分，重量会有变化，所以时常要密封保管。

（2）混合罐只需要一个，培养液罐最少要准备A和B两个，并装满所需量50%左右的水。（肥料调制后，装满水，营养液B罐也相同）

（3）培养液罐倒入适量的水，肥料要一种一种倒入，如果不易溶解就利用泵搅拌或提升温度（开启搅拌机）

— 培养液A罐肥料溶解顺序

硝酸钾—硝酸钙4水—（硝酸钙10水）—铁EDTA（螯合物铁）用另外的热水溶解后添加（铁用DTPA会更好）

营养液肥料溶解顺序（营养液B罐）

（1）将剩下的肥料放入培养液罐B，顺序是微量元素、大量元素

— 溶解的顺序是微量元素（B—Cu—Mn—Mo—Zn）（热水50℃）

硝酸钾—硫酸镁—磷酸铵顺序

（2）在培养液罐里全部溶解后，每次必要时进行自动稀释

（3）测量培养液pH后，调整酸度

— 如果比适当pH高，就利用硝酸、磷酸将其降低，如果低就用KOH提升

— pH高，铁、锰、磷酸、钙、镁等不会溶解

（4）适当pH虽然是5.5～6.5，但根据作物进行调整；EC也进行测量，确认培养液调制是否成功

营养液溶解的顺序（A罐和B罐的分离）

（1）调制浓缩培养液时，必须要用两个以上的罐体分别调制

（2）防止肥料的沉淀（结合）

— A罐是钙和铁肥料

— B罐是含有磷和硫黄的肥料

— 防止钙和磷［$Ca(H_2PO_4)_2$］、钙和硫黄（$CaSO_4$）、磷酸和铁的结合

— 这些一旦结合就不会再次溶解，所以不仅会造成营养液成分的变化，还会堵塞滴管，阻碍正常的供液

— 特别是磷酸浓缩液直接添加时，只能放B罐。

分离A罐和B罐的理由

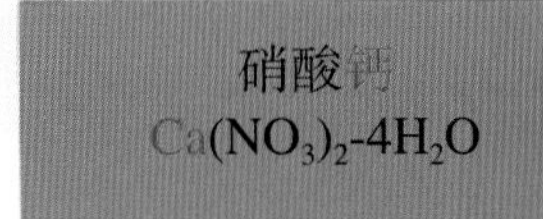

硫酸镁
$MgSO_4$-H_2O

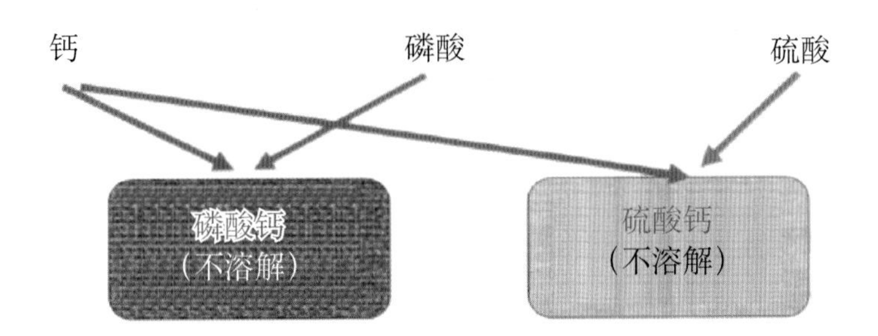

不同肥料成分的拮抗/上升作用

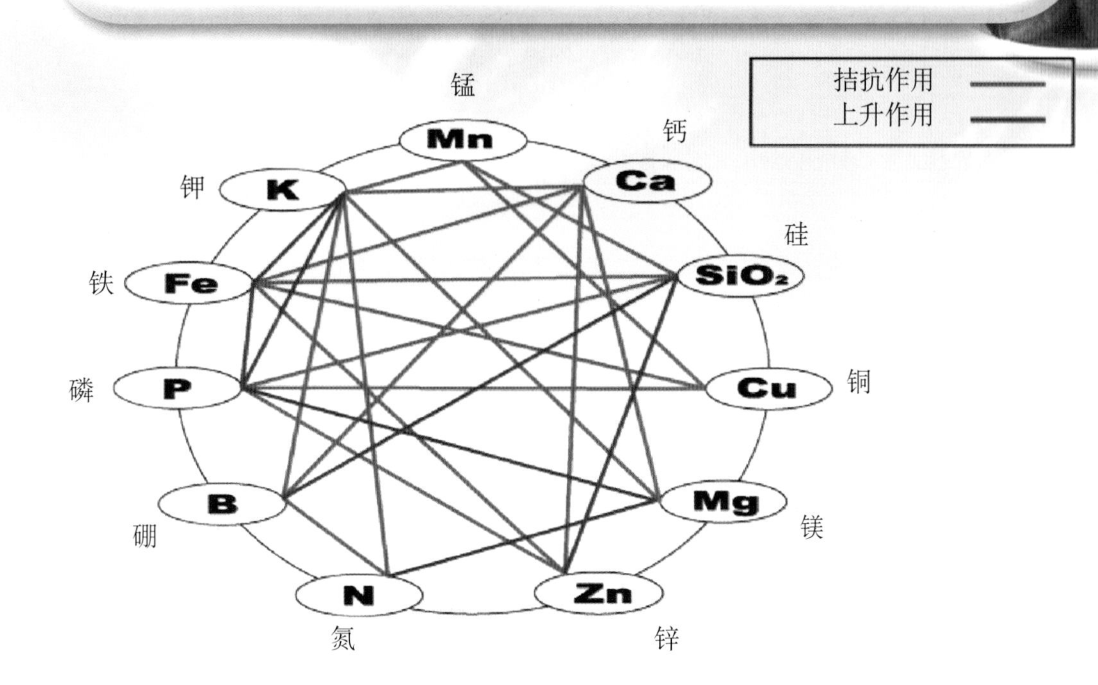

根陈过量元素造成的吸收状态

根际过量元素		预计缺少元素
氮		钾
钾		氮、钙、镁
磷		铁、锌、铜
镁	→	钙、钾
钠		钾、钙、镁
锰	→	铁、钼
铁	→	锰
锌		锰、铁
铜		锰、铁、锌
钼		铜

草莓的花语是幸福的家庭，非常感谢

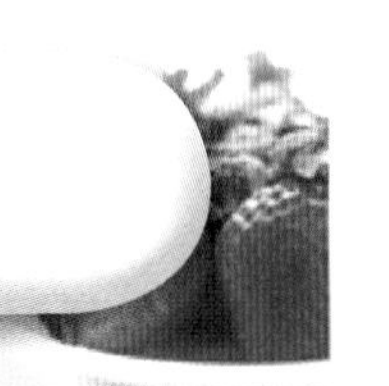

（三）草莓无土栽培实操培训 II

1. 营养液机器的管理

营养液施肥设施：机器像汽车一样需要检修

（1）机器是否正常地、很好地运转（确认是否启动）

（2）要安装在温度变化小（15～20℃），避免直射光线的地方

（3）安装的营养液机器10台中会有7台发生误差（售后服务好不好？）

（4）机器设定的EC、pH与供应以后营养液的EC、pH是否一致，一个月检查一次

（5）每天检查营养液供应时的A液和B液均匀与否

（6）电机过滤器1个月清洁一次

（7）对培养基内根部的温度、EC、pH和排液（退液）进行定期查

（8）确认各区域供应是否良好

EC、pH感应器清洁及过滤器清洁

EC感应器	EC、pH感应器	过滤器清洁
温度每变化1℃，会有2%左右的差异	最少每月清洁1次需要进行修正	最少每月清洁1次
按25℃的标准设定	—	水量变少

机器运行得好吗
供应液的pH、EC要与设定值一致
（从滴管末端取营养液进行检查）
地下水及营养罐要一起测量
如果有较大差异，需要对营养液机器进行检查

检查吸入部位的A、B运行

营养液罐要避开直射光线，要盖上盖子隔断空气，要安装在20～25℃范围内，同时确认有无减少和有无沉淀
A
B
C

土壤水分简易目测判别法

凭感觉确认土壤含水率适当范围

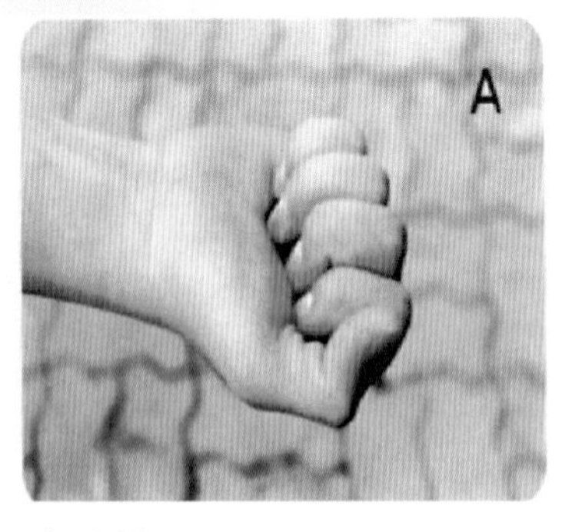

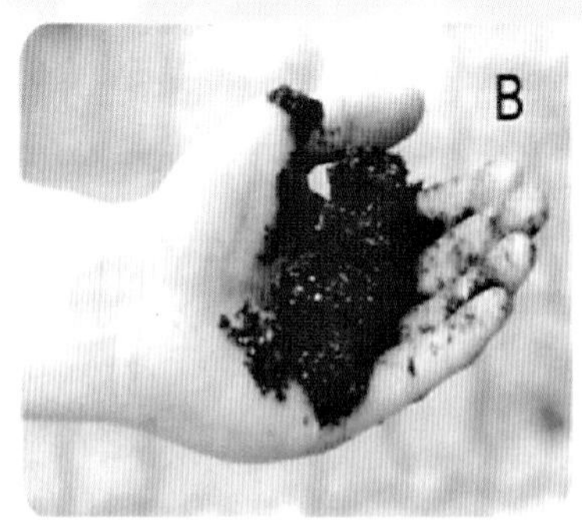

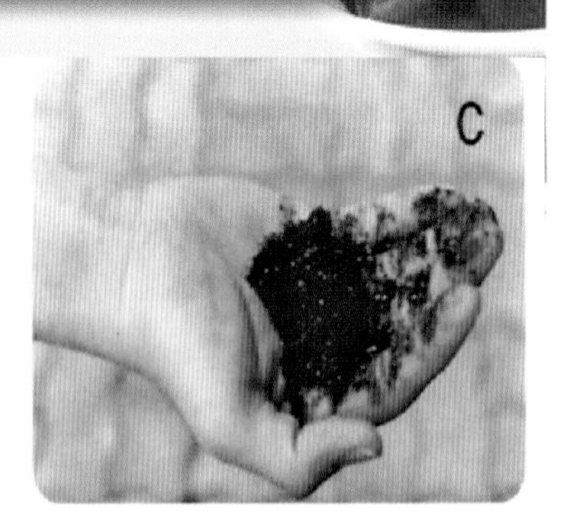

一般土壤

A. 用手轻握床土时，不能有水渗出

B. 当张开手时，要维持形态

C. 当张开手时，形态毁坏，就表明含水量不足

高架栽培（人工床土）

保持肥料能力、保持水分能力、孔隙率大

实际操作时，高架栽培（无土栽培）的人工床土，大部分会有水渗出

各种测量器材

化学测量pH

—‘化学适宜’溶液

—石蕊试纸

—pH计

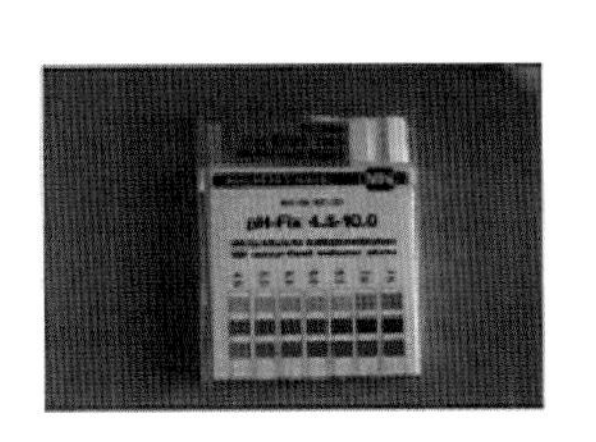

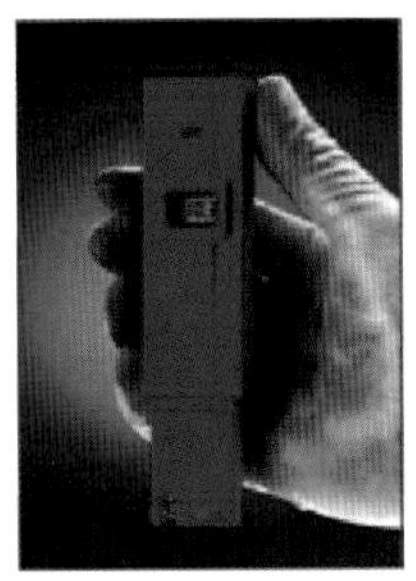

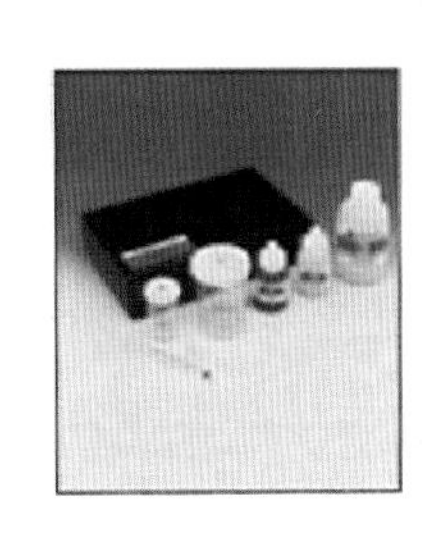

pH、EC测量仪

各种测量器材

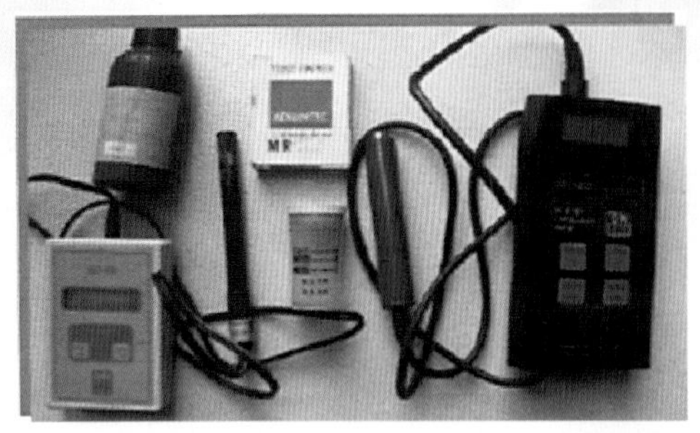

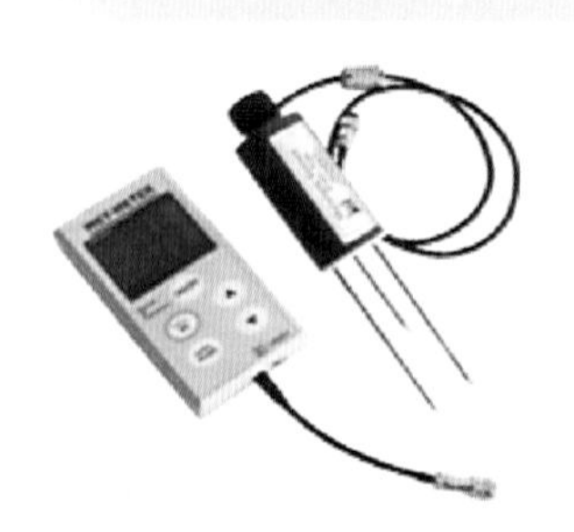

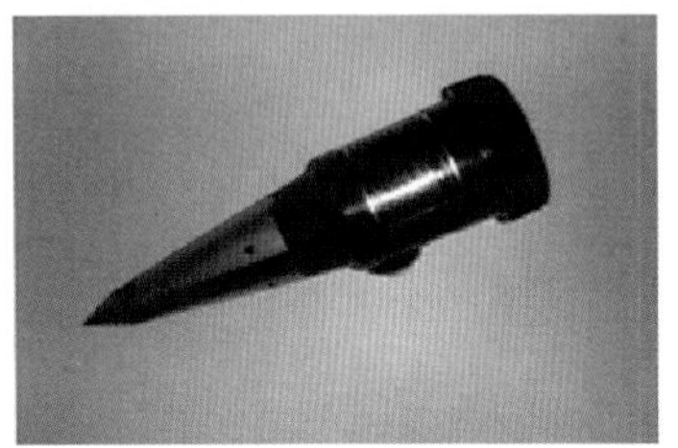

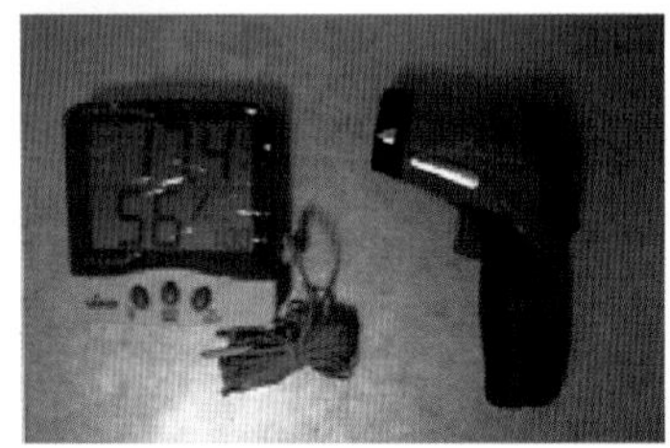

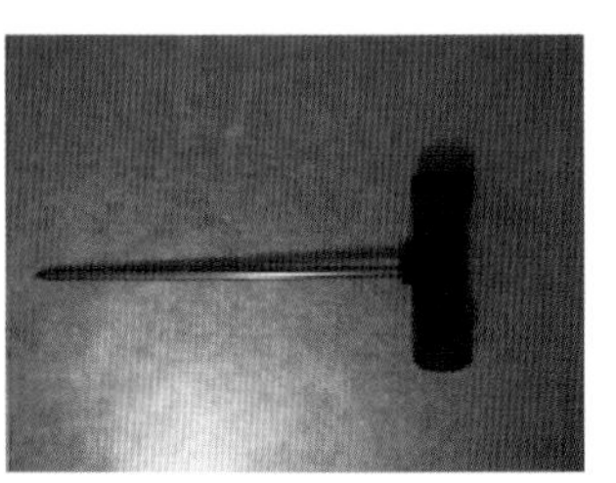

盘式过滤器

因为过滤器堵塞，所以水量减少

灌水设施因为盐类累积，发生堵塞
滴水软管不良
投入园艺用微生物、包含钙、复合营养剂后未清洗
逐渐地盐类累积

滴水软管堵塞造成的损害
原因：微生物、钙剂

2.大棚侧面高度

农林水产部指定（10-单栋-4）（10-单栋-5型）底座6排

大棚太大时，因为温度管理问题，农林水产部指定宽度700厘米，底座5排

9月移植期间及3～4月温度上升时，因为高温停滞，所以造成生育不良

3. 人工培养基的选择

— 在泡沫塑料底座上需要避免过湿
— 论山地区农户喜欢的无土栽培床土
（雪香、泡沫底座、条件）
珍珠岩：可可泥炭＝6 ：4或5 ：5

过湿、盐类积累造成的损害

无覆盖出现了苔藓类及杂草

— 防根纸堵塞造成的排水不良
培养基使用多年时，防根纸透水性下降，所以造成排水低下
— 防根纸排水不良
— 其他pH上升，磷酸过多时，诱发缺铁

4.营养液处方的多样性

各种处方方式的问题点

(1) 现有的处方在用于雪香时，相对钙（Ca）含量比钾（K）低

(2) 现有的部分处方，因为肥料浓缩成分多，所以草莓农户难以处理

(3) 需要对最新开发品种、用于雪香的珍珠岩+椰子壳粗纤维培养基的处方进行研究

(4) 建议方式：按不同生育期应用园艺研究所、千叶农试处方（个人意见）

共同的问题点

(1) 处方根据季节、作物地上部分生育、根际pH变化，应有所不同

(2) 根据培养基的种类、草莓品种（雪香），处方应不同

(3) 就算处方好，会因为各种原因结果会有不同（可能性100种）

因为农户技术水平、水质问题（碳酸氢根）、换气管理、温度（空间、根部）、灌水、病虫害、移植苗气象条件（日照量）、二氧化碳施肥程度、营养剂使用等的差异，不会均匀

多种处方种类的分析（规定浓度：摩尔/升）

营养液成分 处方种类	NO_3^--N（硝酸）	NH_4^+-N（铵）	P（磷酸）	K（钾）	Ca（钙）	Mg（镁）	SO_4^{2-}-S（硫）
首尔大学 果实膨大期	8.4	0.3	3.0	5.8	3.0	2.5	2.5
首尔大学 营养生长期	9.6	1.7	3.0	5.8	3.0	2.5	2.5
韩国 园艺特作科学院	6.0	0.2	2.0	3.5	3.0	1.0	1.0
日本原始	13.0	1.0	3.0	6.0	6.0	4.0	4.0
章姬	5.0	0.5	1.5	3.0	2.0	1.0	1.0
宇田川 开花－收获期	6.4	0.7	4.3	5.0	2.1	1.1	1.1
千叶农试	11.0	1.0	3.0	6.0	5.0	4.0	4.0
PBG泥炭	11.5	1.0	3.0	5.5	3.3	2.5	3.0

能够找出完美适合于雪香品种的施肥处方吗？

5. 营养液外使用的肥料

营养液肥料之外，灌注式添加肥料的问题点（不要使用）

— 市场上最近销售的营养液因为急剧的EC上升对作物产生了坏影响，而且因为过量使用肥料造成的拮抗作用，会出现其他肥料不足的现象（市场上销售的肥料，元素形态多，没有进行EC测量）
— 最近一些肥料因为硼含量过多，发生很多硼过量症状
— 在营养液栽培上不使用微生物（缩短有机培养基的寿命，堵塞滴管）
— 添加的肥料哪怕用很少的量，也会造成EC急剧上升，对根部带来影响

栽培床土的使用肥料（尽可能克制）

— 在底座床土上使用的固体肥料如果属于速效型的，会严重破坏营养液管理的均衡
— 就算如此，如果农户还是要使用，那就少量使用缓效性的、6个月浸出的固体包衣肥料（对EC的影响不太那么迅速）

6. 采用叶面施肥的情况

叶面喷洒用肥料（要控制，但可以使用一部分）

(1) 正常的植物，正常的情况下要通过根部进行吸收，叶面喷洒是最后的手段

(2) 营养生长期，微量元素（铁、锰等）不足时，缺少的原因会很多，因此要控制含微量元素（铁）制剂的喷洒

水质（原水）的碳酸氢根浓度高或pH高时，会发生铁、锰缺少的现象（首先矫正pH）

铁、锰在根际部多的时候，相互之间也会诱发缺少现象（在论山，锰缺少的现象不多）

实际操作时缺少铁的现象，在20 ～ 30天后才会有表现（尽可能使用DTPA铁）

(2) 在部分处方，钙制剂的叶面施肥是必要的，但还是要根本上加强钙。

处方本身因为钾（K）的含量高，因此会影响钙（Ca）的吸收，钙（Ca）处方预测钙缺少生育初期，部分钙剂的叶面喷洒是必要的，但更重要的是，从根本上强化处方里的钙含量。

雪香是钙（Ca）缺少症状多发的品种，对钙的要求也高

7．营养液变质及不溶解

营养液受到直射光温度会上升到50℃

在温度变化不大的地方，避开直射光，安排在25℃范围的空间内

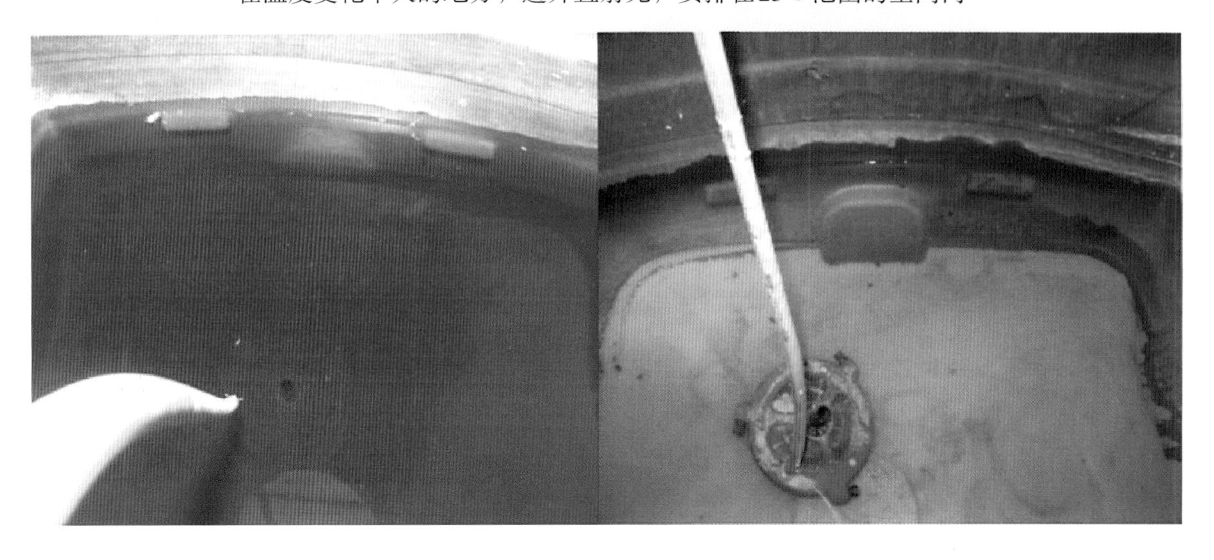

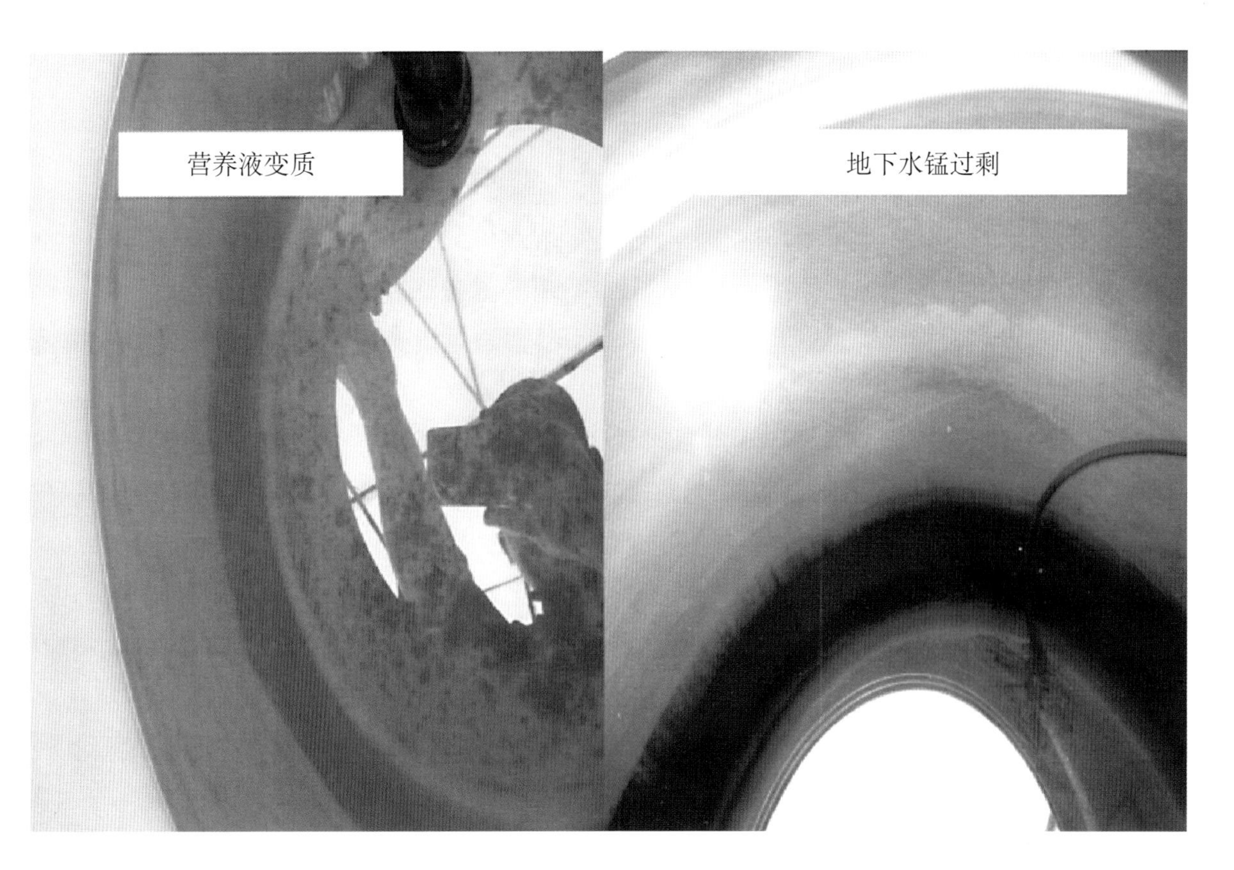

分离A罐和B罐的理由

硝酸钙
$Ca(NO_3)_2-4H_2O$

硫酸镁
$MgSO_4-H_2O$

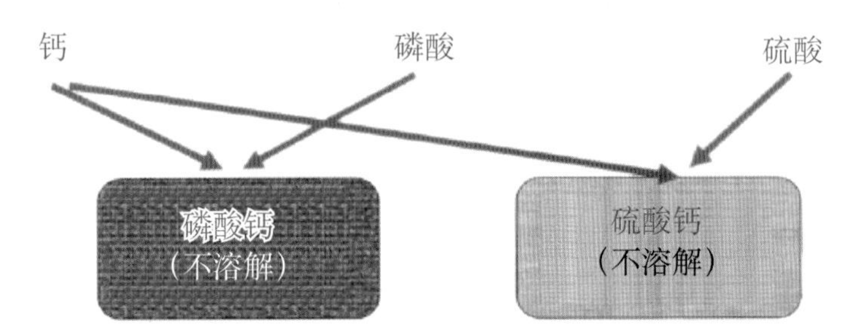

8. 无土栽培草莓的生理障碍

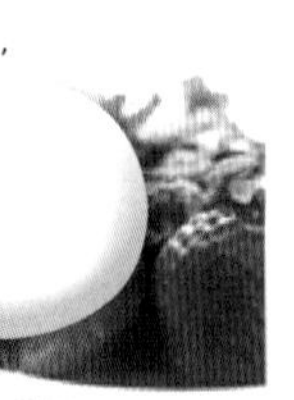

雪香草莓发生生理障碍的原因（因子）

草莓无土栽培发生生理障碍

①气象条件
（温度、湿度、光、气体）

②地下水、床土
水质、床土（物理化学性质）

草莓（雪香）、苹果（甘红）
生理性缺钙，
农户栽培过程中不太容易解决

③栽培方法
（农户水平、苗质量、耕种方法）

④肥料
处方（拮抗、协同），其他肥料

论山地区无土栽培初期为什么会发生？（铁、锰等微量元素缺少）

论山地区无土栽培初期为什么会发生？（铁、锰等微量元素缺少）

对缺铁现象的现场分析（2016.11）论山市农业技术中心 郑寺旭
铁和锰当中，表现最多的是缺铁症状，可溶性锰在地下水或所使用的药方制剂原材料中很多，所以缺锰现象不太多。而且，还有部分营养液也有机器的过失
在实际操作中，利用铁和锰，进行叶面施肥不能解决问题
实际上，将铁转换为DTPA（6%），移植开始约50天，通过添加硝酸（C罐）或用铵处方将根际部分pH降低到7以下，铁的问题大部分都会解决

初期发生生产障碍（微量元素缺少原因分析）

初期营养生长期，无土栽培常发生的微量元素缺少原因顺序

（1）地下水水质的pH高于7，或碳酸氢根HCO_3^-（碱性物质）多

（2）灌水次数或灌水量不足时和初期栽培不做缓冲时，有可能发生

（3）排水不良（床土本身）（防根纸堵塞），造成根部生育低下时发生

（6）微量元素施肥量不足的情况不多，但微量元素中有些过多时，就会发生拮抗
（铁和锰当中，不管哪一方多都会抑制另一方的吸收）

（5）初期开花期为止，用较高的pH进行营养液管理和供液时发生

（6）草莓从移植初期到1花序收获为止，植物根部的pH大体上会上升到7
（负离子中，随着对硝酸、磷酸的吸收活跃，根部排出pH上升物质）

（7） 可可泥炭（椰子壳粗纤维）培养基，在第1年栽培时，氮、钙等微量元素和草莓存在竞争关系（吸附）

（8） 因为泥炭土pH低，用石灰水进行饱和时，如果过度强烈，就会造成微量元素不足

（9）氮（硝酸＋铵）比例中，铵处在最小10 ： 1（规定浓度）以下时，可能发生

肥料吸收带来的根际pH变化

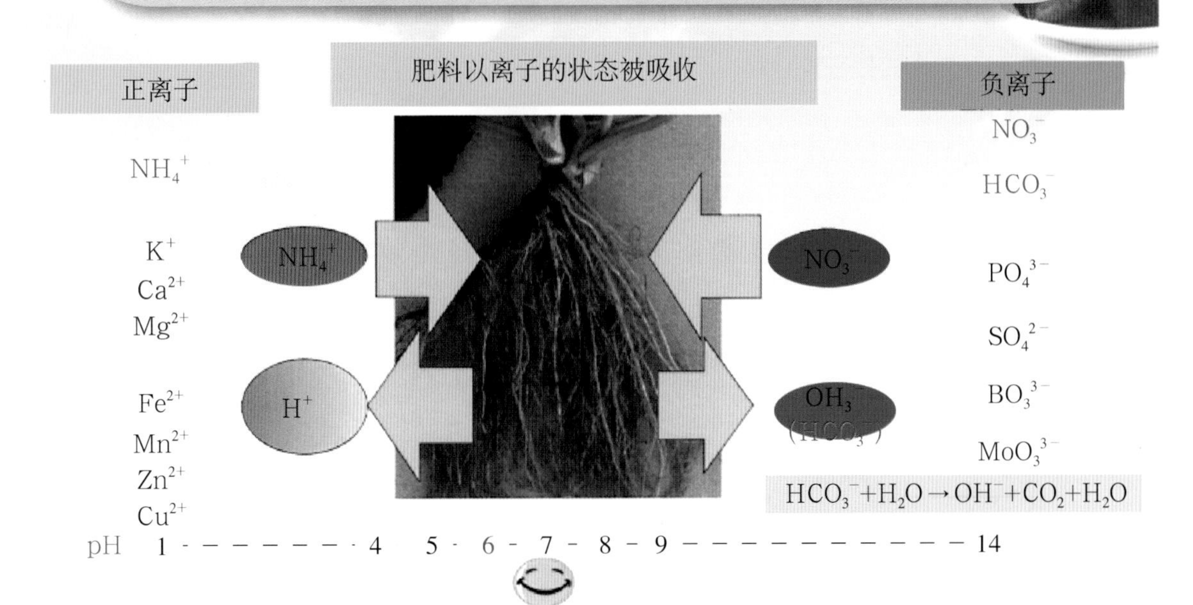

不同肥料成分的拮抗/上升作用

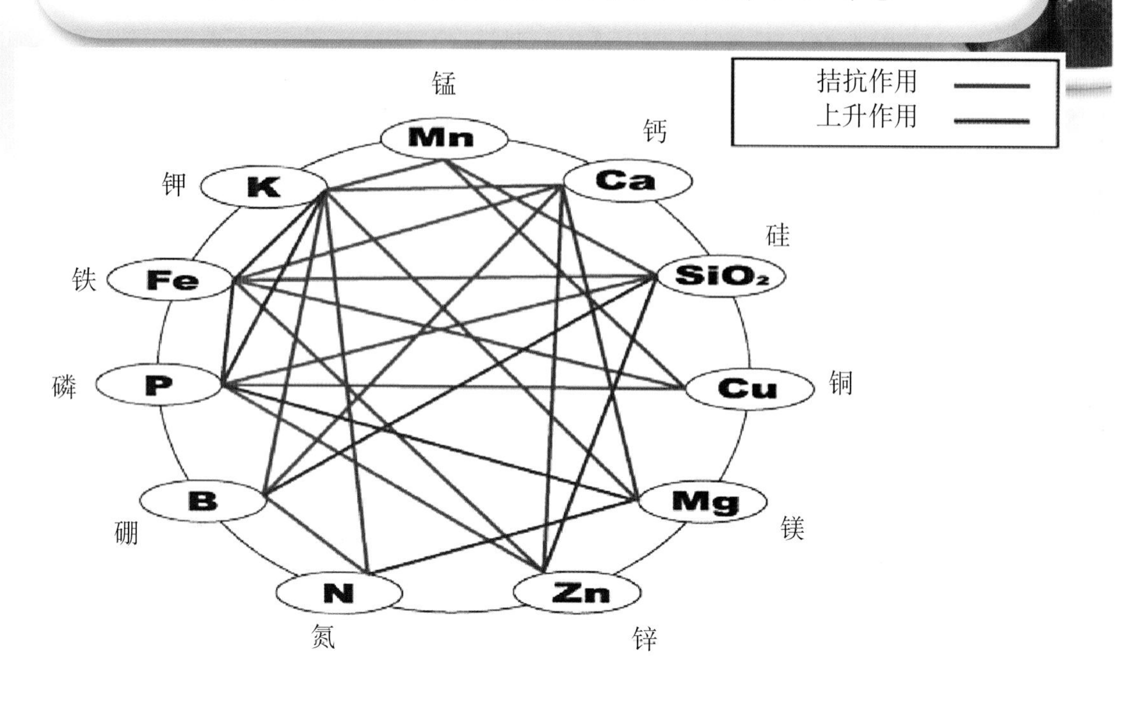

根际过量元素造成的吸收状态

根际过量元素		预计缺少元素
氮		钾
钾	→	氮、钙、镁
磷		铁、锌、铜
镁	→	钙、钾
钠		钾、钙、镁
锰	→	铁、钼
铁		锰
锌		锰、铁
铜		锰、铁、锌
钼		铜

草莓生育各阶段的根际pH变化

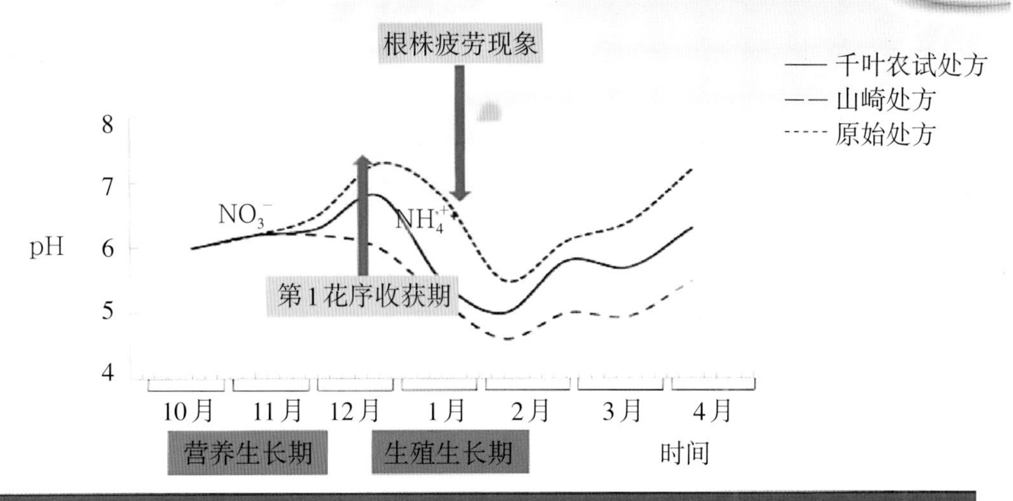

2013—2016 利用了根际pH退水的测量分析（郑寺旭）
混合床土pH从生育初期开始，到作物栽培结束为止，持续上升的趋势比较强

初期发生生理障碍（微量元素缺少）解决方案

要进行基于综合判断的原因分析

首先应判断为微量元素整体缺少，从而实施叶面施肥

① 地下水（pH高于7），碳酸氢根HCO_3^-（碱化物质）多

☎ 碳酸氢根（HCO_3^-）中和（C罐里加硝酸）或营养液初期添加15%的铵（使用磷酸危险）

② 灌水次数或灌水量不足时有可能发生（要充分进行缓冲）

☎ 第一次进行无土栽培的农户，也有过因为灌水不足发生的案例

③ 因为排水不良（床土本身）（防根纸堵塞），根部的生育低下时发生

☎ 混合了多种床土，使用了排水不良的混合床土时发生，或使用了多年（将来更换）

④ 微量元素施肥量不足的情况不多，但微量元素中有些过多时，就会发生拮抗
（磷酸投入过多或在根际部分铁和锰之中的一种过多时相互之间会抑制吸收）

☎ 正确诊断不足元素后，在调制营养液时调整就可解决（通过叶面施肥不易解决）⑤ 生育初期1花序收获期前为止，用较高的pH进行营养液管理和供液时发生

☎ 栽培初期，如果自动供应营养液，尽可能降低pH进行灌注（5.5 ~ 5.7）

⑥ 草莓从移植初期到1花序收获为止，植物根部的pH大体上会上升到7
（负离子中，随着对硝酸、磷酸的吸收活跃，根部排出pH上升物质）

☎ 栽培初期，因为是以营养生产为主，所以如果是自动供应营养液，尽可能降低pH进行灌注（5.5 ~ 5.7）

☎ 碳酸氢根（HCO_3^-）中和（C罐里加硝酸）或营养液初期添加15%的铵

⑦ 可可泥炭（椰子壳粗纤维）培养基，在第1年栽培时，氮、钙等微量元素和草莓存在竞争关系（吸附）

☎ 移植前，除盐作业（盐分NaCl）和充分的饱湿、饱肥料（EC1.0、pH5.8）

☎ 初期栽培，调制营养液时，也可以考虑增加10%的铁，增加5%的锰（过度时会发生伤害）

☎ 铁尽可能使用DTPA（6%），使用量是现有EDTA（13%）处方的约150% CDTA（13%）2千克处方时，DTPA（13%）3.5升左右

⑧ 氮（硝酸+铵）比例中，铵处在最小10 ∶ 1（规定浓度）以下时，可能发生 ☎ 参考①

微量元素缺少（铁、锰缺少的原因中，碳酸氢根高时发生）

	N	P	K	Mg	Na	Cu	Zn	Fe	Mn	Al
标准	2.46 ~ 3.43		2.09 ~ 2.42	0.35 ~ 0.48	—	—	30 ~ 60	176 ~ 379	33 ~ 92	—
正常	2.53		1.44	0.74	0.06	44	6.3	103	140	41.8
非正常	2.91		1.59	0.54	0.05	11.2	11.7	87.2	73.3	33.4

★现状：pH 6.36 碳酸氢根 133.43

★症状：供液酸度为 8.6

★对策：硝酸10升，向C罐抽入4升

★ 碳酸氢根120毫克/千克（用硝酸中和）

★ 同一时期正常的和非正常的叶片同时出现

★ 进行叶片分析（11月3日）

草莓正常溢液的发生与叶片水分存在的时间

★现状：正常的上午溢液症状

★上午11时叶片的水分未干（湿度高）

★ 9月18日移植的无土栽培草莓
★ 移植了一般土壤培育的苗，但生育不好，因为海水进入过的地区，所以水质不好

★ 碳酸氢根230毫克/千克，pH7.4
★ 微量元素缺少时发生生理障碍现象

缺钙（雪香）发生的形状和解决方案

★ 原因：缺钙或土壤干燥的时候，酸性土壤，硝酸/钾，镁过多
★ 发生位置：新叶、花萼
★ 处方：EC降低到0.8～0.9，增加水量

钙在草莓里的移动路径

○ 与水一起由根部吸收，向茎、叶、果实移动

○ 只有水溶性钙才能被吸收

○ 在植物体内因为移动性低，所以在栽培过程中持续进行供应

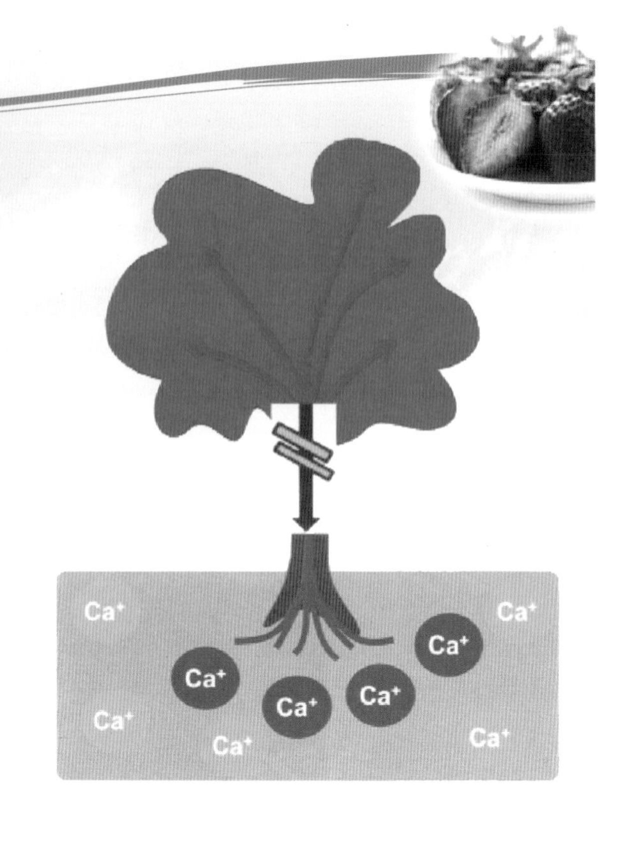

钙的特征

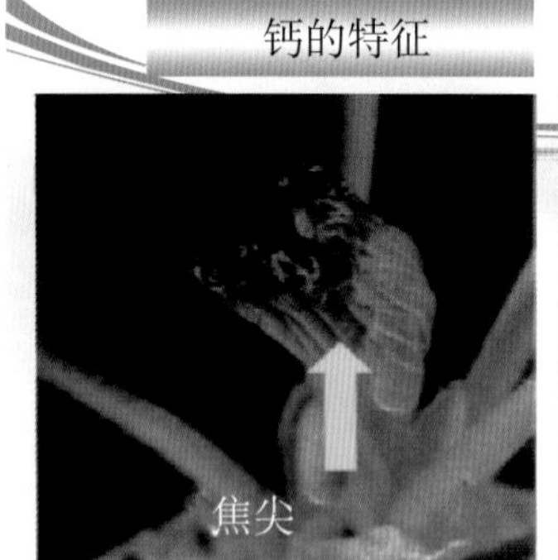

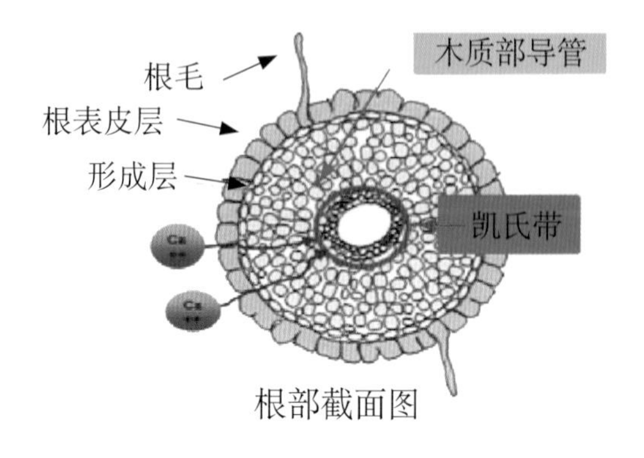

根部截面图

① 通过水管（≠体管）移动（不会进行再移动）

② 形成凯氏带之前，以水溶性的状态供应到土壤（幼根）中

③ 与硫和磷酸结合

④ 与正离子（K^{+}、Mg^{2+}、NH_4^{+}）是竞争关系

⑤ pH（碱性）

⑥ 细胞壁≠Si

焦　尖

○ 幼叶（心形）变形、焦尖，与缺硼相似

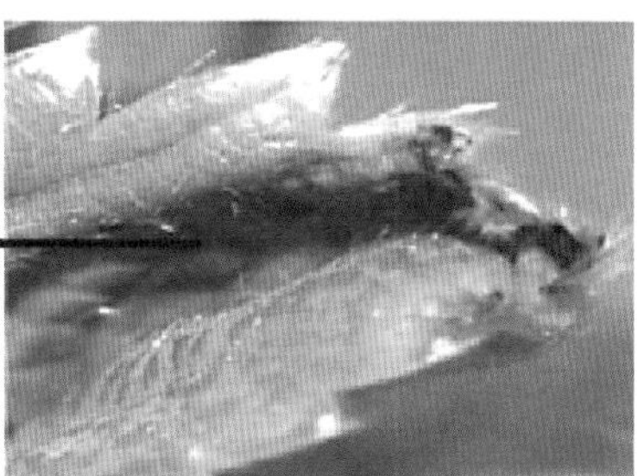

缺钙症状和缺硼症状

缺　钙	缺　硼

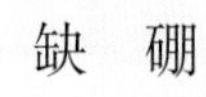

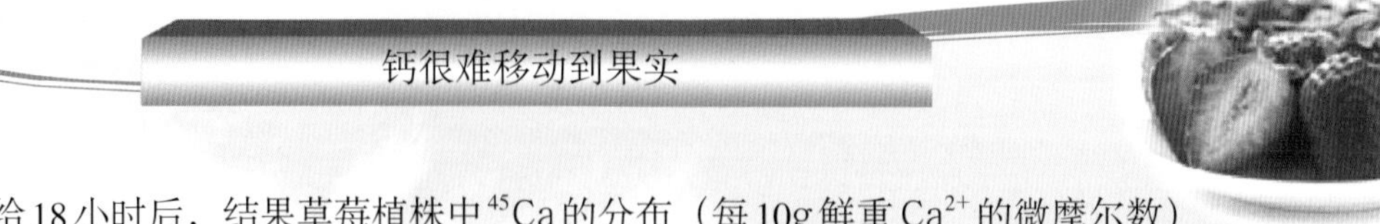

钙很难移动到果实

^{45}Ca供给18小时后，结果草莓植株中^{45}Ca的分布（每10g鲜重Ca^{2+}的微摩尔数）

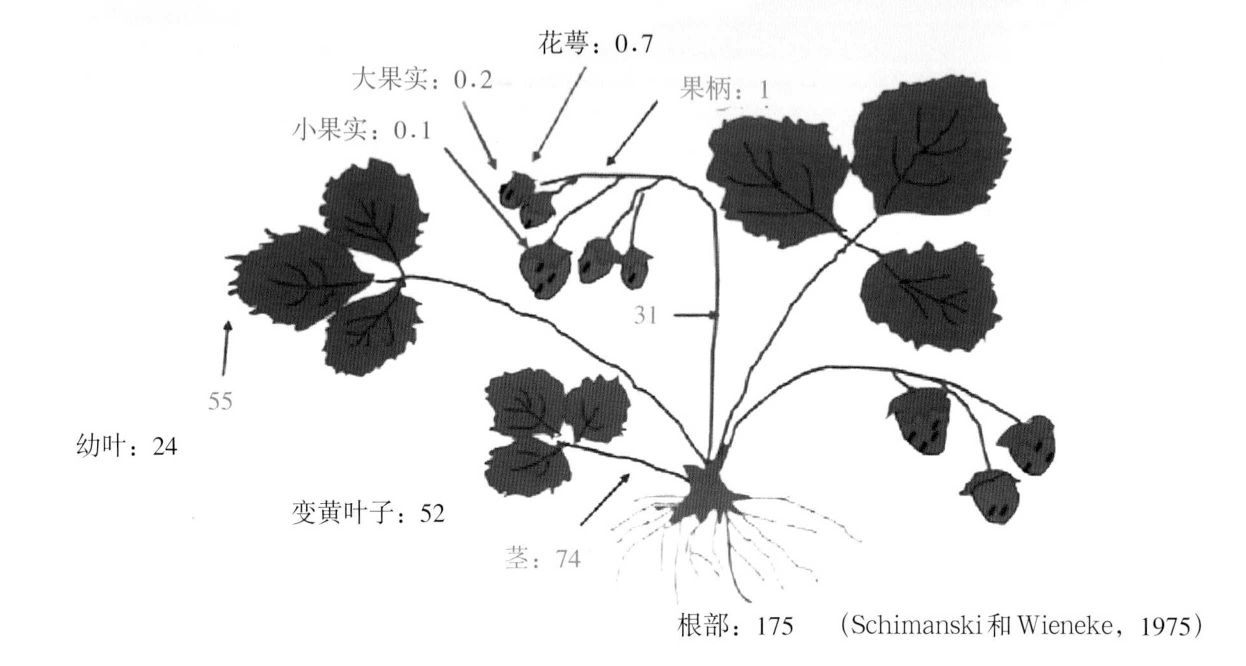

（Schimanski和Wieneke，1975）

第1花序开花以后缺钙原因及解决方案

首先要区分缺钙还是缺硼，如果确实是缺钙，就判断为根部吸收力障碍（肥料间的相互作用、过湿、干燥、根部数量减少、坐果过多等）实行钙的叶面施肥

（1）雪香本来就这样（栽培人员创造的缺钙障碍品种）

☎ 如果不能更换品种就没有办法。从开花初期开始，3 ~ 7次，7 ~ 10天为间隔，喷洒钙

（2）EC高时容易发生（雪香的最大EC要按1.25以下管理）

☎ 降低EC（0.2），增加灌水量，使根部恢复（EC低时，水的吸收会顺利）
钙和镁，与氮、磷酸、钾之类的主动吸收不同，它们是伴随着水的吸收，被动吸收

（3）首尔大学的处方，因为钾（K）的含量多，所以有可能抑制钙吸收

☎ 钾和钙的比例调整的营养液（园艺研究所、千叶农试等按生育别进行调整研究）

（4）上午过早没有溢液现象时，助长缺钙

☎ 通过昼间空间温度按25 ~ 28℃以下管理，夜间空间温度按6 ~ 9℃管理，培养基温度按13℃管理和提高夜间湿度等措施，使溢液能够顺利产生，助长钙吸收及通过夜间根压进行溢液管理

★ 为了防治炭疽病，盲目喷洒药剂造成的损害
★ 在叶子的背面和果实的表面出现损坏——据说用灌注的方式喷洒在根部周围会防治炭疽病

供液量不足时，缺少微量元素
连栋大棚湿度高

★ 营养液供应不足造成的微量元素缺少现象
→ 通过增加营养液解决

★ 连栋大棚温度高
夜晚高，上午尽快将湿度调低

★ 为了预防害虫，在下水口放粘胶→温室粉虱、蕈蚊、蛾子类等

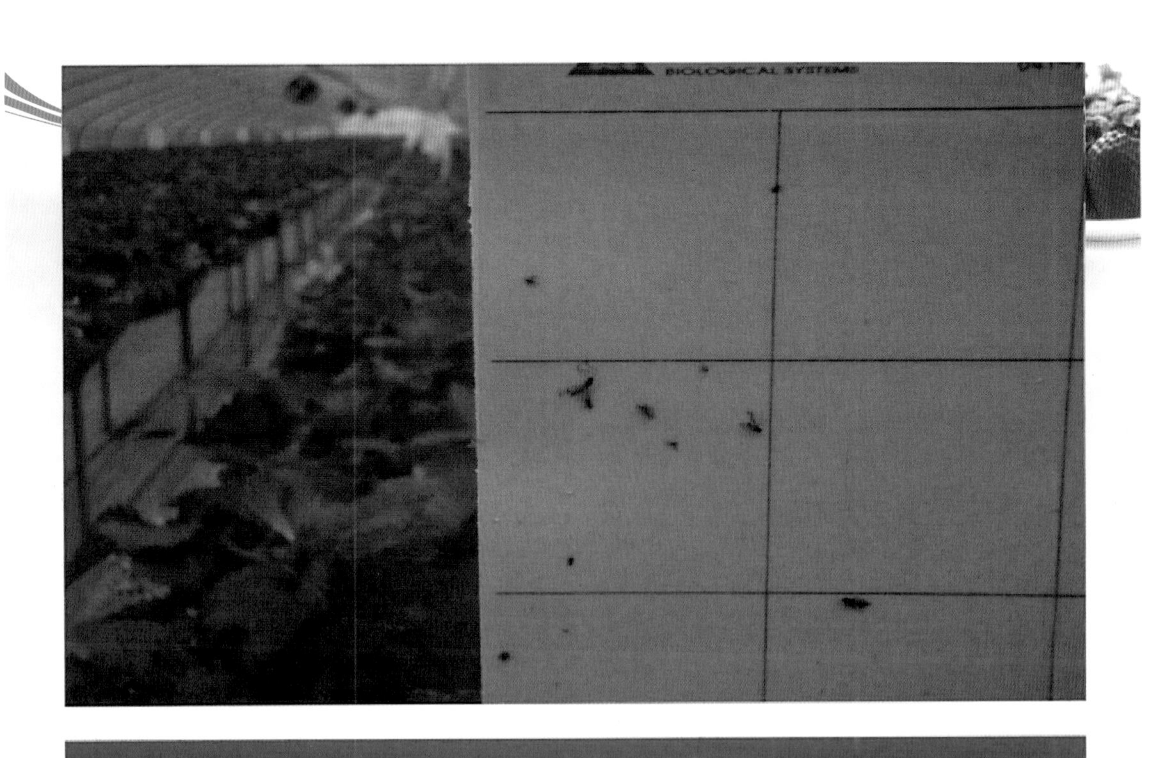

★ 捕获温室粉虱、蕈蚊→喷洒了适用的药剂

赚钱的农业→环境管理+栽培管理+？ =3 900万元（2009年）

9.优良育苗是基本

高架底面灌水育苗的优点
— 苗的花芽分化速度快、效果好
— 苗的一致性高
— 炭疽病、枯萎病等发生率接近0%
高架栽培使用自养幼苗（底面灌水、钵育苗）
— 一定要做好花芽分化
— 可以不清除根部的土就能种植（生育、收获快）

利用底面灌水育苗的移植在大棚中99%成活（发病和补植少）
早期收获可能性高，数量增加5%～15%

★移植苗的质量不够（炭疽病、枯萎病、萎黄病等严重）

10.移植及种植要领

在种植无土栽培移植苗之前

① 对培养基进行彻底的消毒（2次）后，一定要清洗干净

— **次氯酸（500倍液，1天）氯素系列要清洗干净（危险）**

▶ 15天以上在EC0.3、pH5.8范围内一定要清洗干净

— **消毒剂（过氧化氢+植物提取物）使用后清除**

— 根际用于灌满水的透明膜覆盖温度是55℃，随着高温进行消毒（效果好）消除99.9%枯萎病（最低廉的方法）

— 土壤灭菌（移植30天前）处理，15 ~ 20天后进行10天的清洗

② 对第1年的培养基进行除盐作业（进行7 ~ 8次）

▶ 通过10天以上用清水灌满后，反复排出的方式除盐，并进行弱缓冲

③ 培养基营养液浓度在EC1.0 ~ 1.2的范围内，连续3天进行饱湿、饱肥料移植2 ~ 3天前实施缓冲

P3 Oxonia Active（液体消毒杀菌剂）

— 过氧化氢系列药品，酸性

— 使用后与空气接触 ，主成分容易分解

— 因为没有残留成分，所以是安全的消毒剂，农户可以使用

— 成分：过氧化氢（28.7%），醋酸、稳定剂、其他

— 特征：低温，对所有种类的病原菌有效，对温室里的金属和电器设备也比较稳定

使用时注意事项

— 不要直接接触植物

— 保管在凉爽的地方

— 接触皮肤要清洗干净

— 要穿防护服、戴防护面罩

— 发生事故，如果有不适，立即送往医院

— 与可燃性物质接触有可能发生火灾，注意烧伤

◆ P3 Oxoniae使用方法

— 没有作物时

— 1吨水中稀释5升（200倍）

— 培养基的排水口密封

— 灌水到培养基饱水

— 灌注1天后进行排液（无需用水清洗）

◆ 次氯酸钠

— 没有作物时（7 ~ 8月）

— 1%溶液里浸泡1天后，最少清洗5次以上

— 要确认有无播种异常

◆ 土壤灭菌使用法（四碳酸钠 42%）

— 1罐/25升：可以对土壤耕种草莓1栋、高架草莓3栋进行消毒
— 事前用透明膜覆盖底座后，封闭大棚侧窗
— 事先充分供应给土壤或培养基之后，投入500升稀释（20倍液）
— 15 ～ 20天灌满水处理后进行10天的清除气体。（30天安全）
— 最少进行3次的灌满水清洗。
— 适用于所有病虫害：线虫、枯萎病、螨虫类、炭疽病、灰霉病

第1阶段：清除植物体顶部（从根茎部位开始清除）

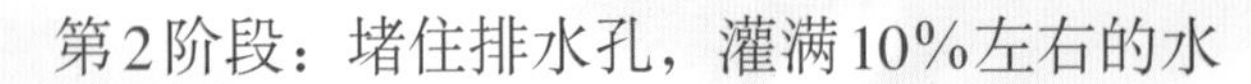

第2阶段：堵住排水孔，灌满10%左右的水

第3阶段：塑料覆盖

第4阶段：在30 ～ 40倍（总量250升左右）水中稀释后投入

一栋一栋处理，投入2分钟左右即可

第5阶段：投入结束，必须进行管路清洁

清水投入300升左右，投入3分钟左右即可

管路里残余的成分如果流入育苗场就会发生灾害

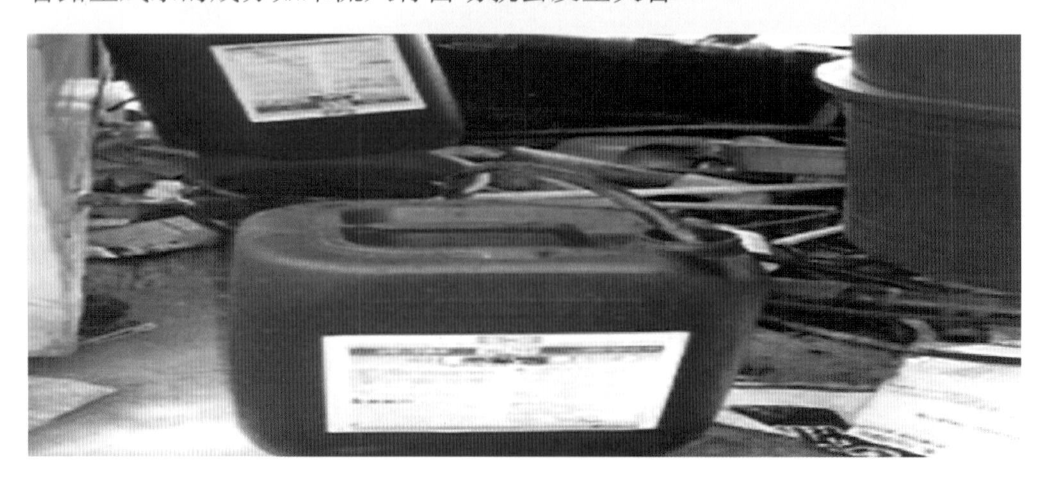

第6阶段：关闭侧窗（处理15 ～ 20天）

第7阶段：处理以后，进行换气，5 ～ 10天后，清除覆盖的塑料

第8阶段：在底座灌满水，清洗2 ～ 3次

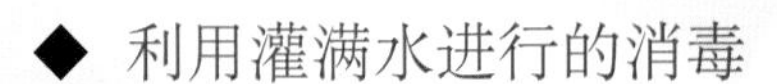

◆ 利用灌满水进行的消毒

— 将底座的茎部清除，用廉价的塑料覆盖底座

— 堵住泡沫塑料的排水口进行灌满水

— 大棚的侧窗降下2重、3重。

大棚的室内温度会接近70℃，培养基的温度根据情况，会上升到60℃。

平均50℃以上

— 处理20 ～ 30天，可以消除99%以上的枯萎病和线虫类

— 利用1%的酒精处理，效果会更大

— 至少利用灌满水只进行热消毒，效果也很好

无土栽培移植苗种植之前

① 一定要做好花芽分化
底面灌水育苗、钵育苗（蜗牛钵）

② 种植的适当时期，论山为标准，9月10～15日

③ 早期移植过快（约10天），统计结果为70%不良
床土内的地温上升到25℃，因为根部的呼吸会增加，所以根部容易损坏，花芽分化会停止（退步）
移植之后，草莓苗最弱，炭疽病、枯萎病、疫病的发生可能会急剧增加（8月移植时）

④ 如果晚了（约10天），会呈现生育低下的大差距
9月中1天的差异→ 10月（2天）、11月（4天）

无土栽培移植

① 育苗床土和底座床土的介质尽可能一致
磨砂土、粗糠或其他介质，在移植时与床土接合需要时间，或初期生育下降
根部在正式床土内生长（扩散）的速度慢。
底面灌水钵使用珍珠岩+可可泥炭（3 ： 7）型

④ 花芽分化明确 → 草莓苗不进行根部敲打直接种植有利
（早期收获的捷径）

③ 挖的孔要比育苗根部小，稍微加点压力种植后紧密

④ 移植后利用内水管（地下水循环）降低根际部分温度，保证持续进行花芽分化
8月上升27～29℃，9月25℃以下

移植初期成活及提高生根的灌水管理

① 移植前1天，充分进行灌水，达到过量程度。

② 为了让根茎部位蘸水，将2排滴管紧贴灌水
移植初期让根茎蘸水比较好。

③ 不进行顶上灌水（喷淋）。
（防治炭疽病、枯萎病、蕈蚊时的粗漏灌水除外）

④ 移植后20天内，2 ~ 3分钟/7 ~ 9次/1天

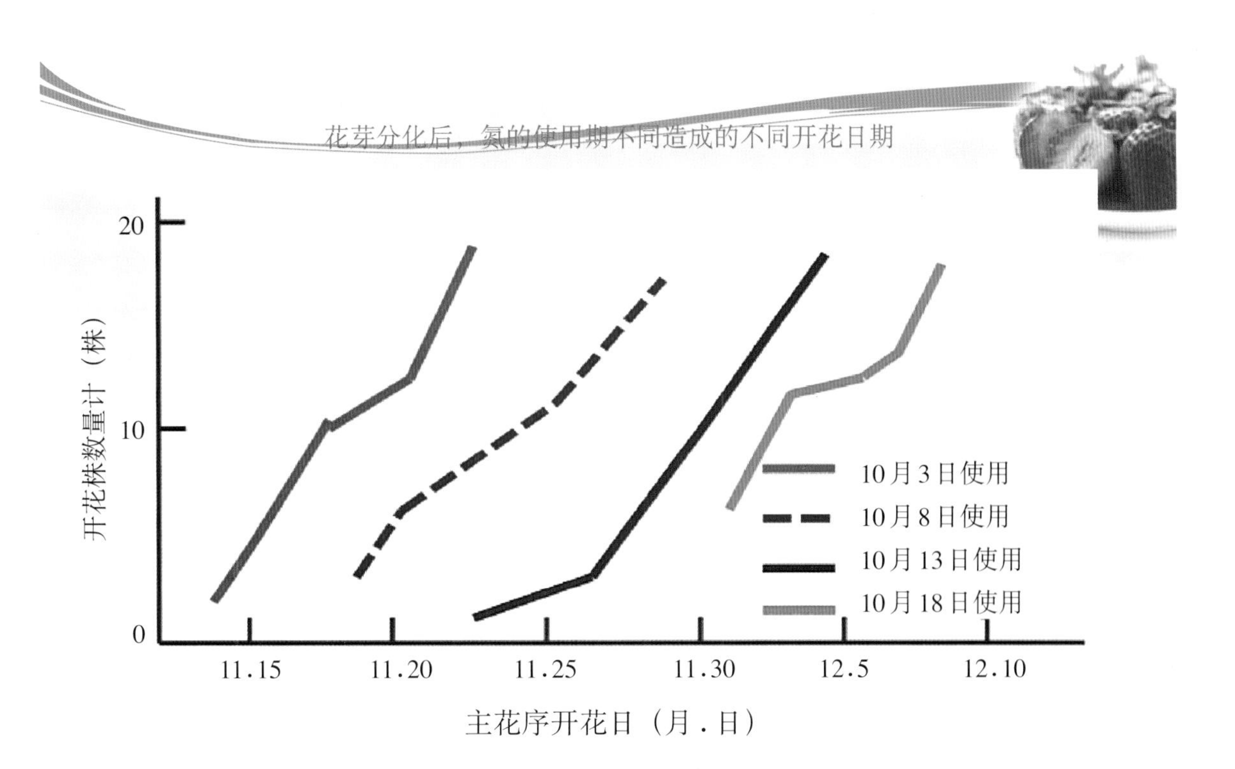

11.综合的环境管理

底面灌水苗移植，都中叶会长大棚

CO_2发生器，上午750 ~ 850毫克/千克

都中叶会长大棚的湿度调节及对流

用于调整内部湿度和温度的排风扇

CO_2发生器，上午750 ~ 850毫克/千克

✓ 促进光合作用：提升水量及质量

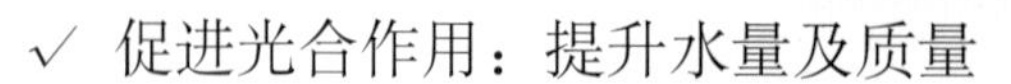

✓ 大气中的二氧化碳浓度：350毫克/千克

✓ 上午换气前，设施内的二氧化碳浓度：50 ~ 150毫克/千克

✓ 使用浓度：1 500毫克/千克范围内，与增产正相关

✓ 日出后30分钟至1小时以后开始到换气为止2 ~ 3小时

多种CO_2产生方法

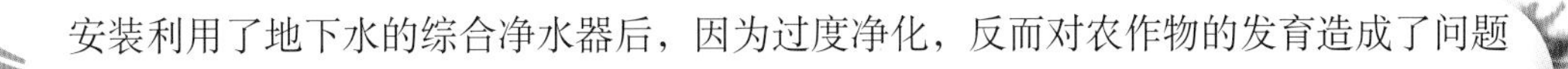

安装利用了地下水的综合净水器后，因为过度净化，反而对农作物的发育造成了问题

记录温湿度测量数据

安装了地下水综合净水器

地下水综合净水器

用于取暖的各种多层保温帷幔类

安装了小型木托盘小型锅炉

螨类防治

开花前全部扑灭，第2花序开花前全部扑灭

床土翻土作业

比效分析	一般土壤	杂草生成	黑色覆盖（PP膜）	银箔
地温上升	正常温度上升	与一般土壤相比低3.8℃	与一般土壤相比低0.3℃	隔断地温上升
管理	杂草生成	病虫害、过湿	地温上升、可调整透湿、清洁	清洁

不做塑料膜覆盖很难管理湿度
冬季难以提升根际的温度。上午，因草莓叶片表面的结露和湿度上升，加重灰霉病

过度喷洒三唑类时，发生严重的戊唑醇伤害
正常
发育不良

底座消毒不良造成的蕈蚊和炭疽病多发

火灾引起的高架底座烧毁

9月下旬，因为大棚密封造成的草莓叶片枯死（盐类累积）

难以做到黄瓜和草莓的双层栽培

药剂造成的果实伤害
膨大剂＋微生物＋杀菌剂
一次性混用多种药剂时
发生伤害

膨大剂＋微生物＋杀菌剂

气体（一氧化碳、二氧化硫）造成的焦尖

使用低价不良的辅助取暖器（大炮形状）
过度使用取热／二氧化碳兼容机会产生负面效果

气体（一氧化碳、二氧化硫）造成的褐变

12.高架栽培雪香高品质收获

(1) 使用60天以上的苗

(2) 用底面灌水育苗(1)、蜗牛(一般)钵(2)进行育苗的，因为花芽分化、一致性、根茎位大小、根部的活力高，所以苗质量好

(3) 冬季夜间空气温度最低按6℃以上管理是原则，如果提升到9℃就会丰收

(4) 地温夜间最小按13℃管理，就会丰收

(5) 移植时，不敲掉床土进行种植会安全(明确进行了花芽分化的)

(6) 移植后初期(1～15天)的灌水管理，要通过少量、多次促进新根的生成

(7) 雪香EC管理是1.0～1.2为最大数量

(8) 要维持好草莓根部(根际pH管理)才能取得后期的丰收

(9) 大棚内的环境管理按夜间湿度稍微高一点，昼间湿度尽可能快速降低为标准进行

(10) 移植时，选择明确进行了花芽分化的苗，实施渐进式EC上升

(11) 其他各种条件(病虫害管理、营养液管理等)

(12) 论山的移植是9月10～15日，抓紧可取得早期收获，但失败的情况很多

三、草莓高品质稳定生产技术

潭阳郡农业技术中心　**李哲圭**博士

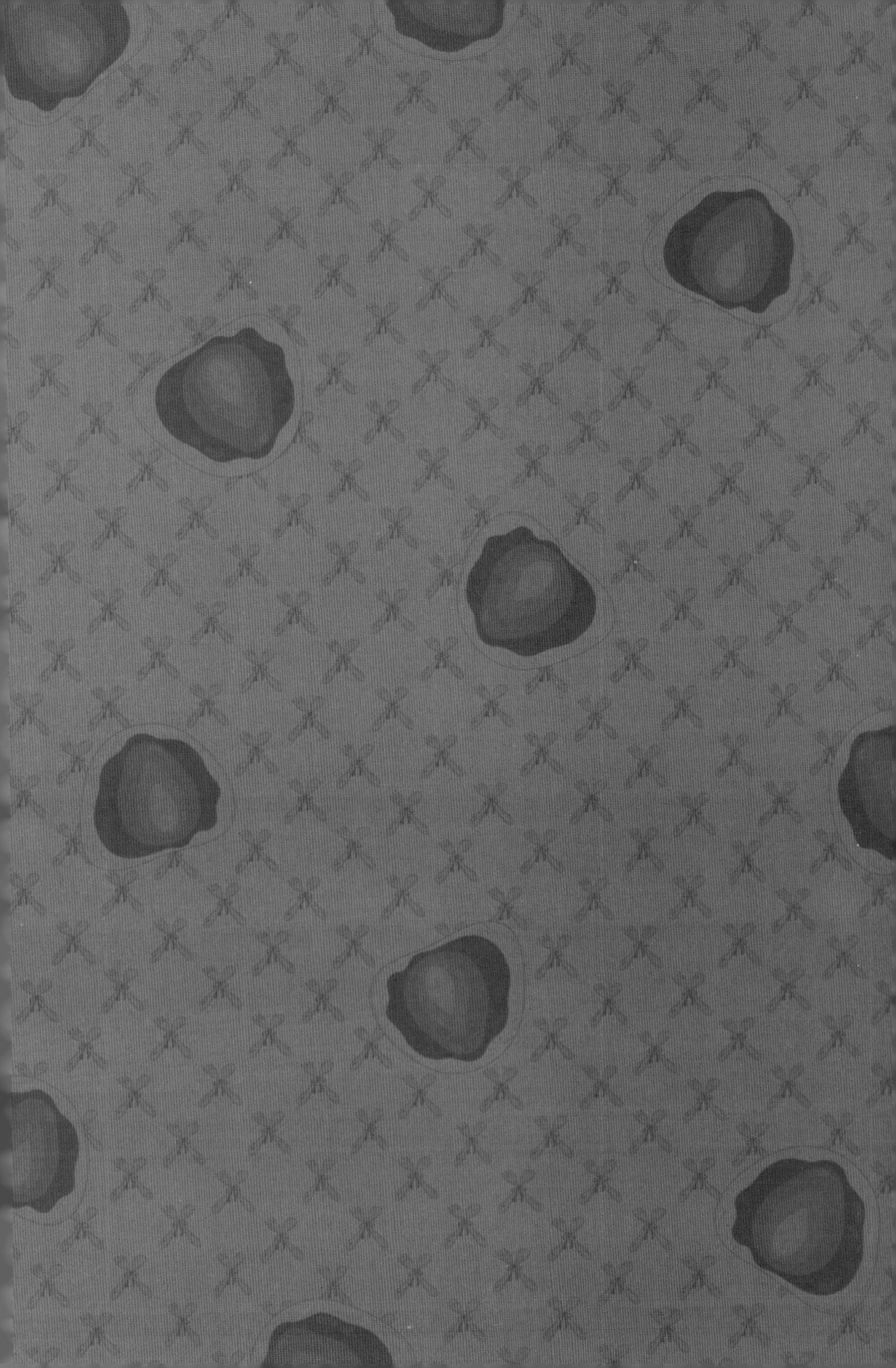

配制传染性疾病和盐类伤害少的好土壤

土壤传染性病虫害发生程度

❖ 因为草莓连续种植和品质变化，增加了土壤传染性病虫害的发生概率

— 枯萎病（锦香）、芽枯病、根腐病（枥乙女、红珍珠）

— 叶线虫（红珍珠）

种植草莓的土壤内病虫害发生的情况（论山草莓试验场）

病虫害名	月份							
	1	2	6	7	8	9	10	12
根腐病（*Pythium phytophthora*）	▲ *Pythium*	▲			▲ *P.nicotianae*		▲ *P.cactorum*	
炭疽病			▲	▲▲	▲▲▲	▲▲	▲	
枯萎病（萎黄病）	▲		▲		▲			▲
叶线虫					▲			▲▲

呼吁书
千万不要给吃的，吃的太多很累
请为我着想
水德湖鱼群敬上

土壤病害发生和土壤环境的关系

区分	发生病害较多的大棚	不发生病害的大棚
栽培年数	2年以上连续种植	第1年或栽培过水稻的大棚
排水状态	地下水位高的低洼水田或排水不良的旱田	地下水位低的水田或排水良好的旱田
有机物使用	使用大量未成熟的家畜堆肥(特别是鸡粪和猪粪的堆肥)	使用完全成熟的堆肥
盐类浓度	EC 3.5以上	EC 2.5以下
根部状态	粗根少、支根有些褐变或腐烂	粗根和支根恰当地蔓延，根部健全

引自：农村振兴厅、设施园艺土壤管理技术。

土壤

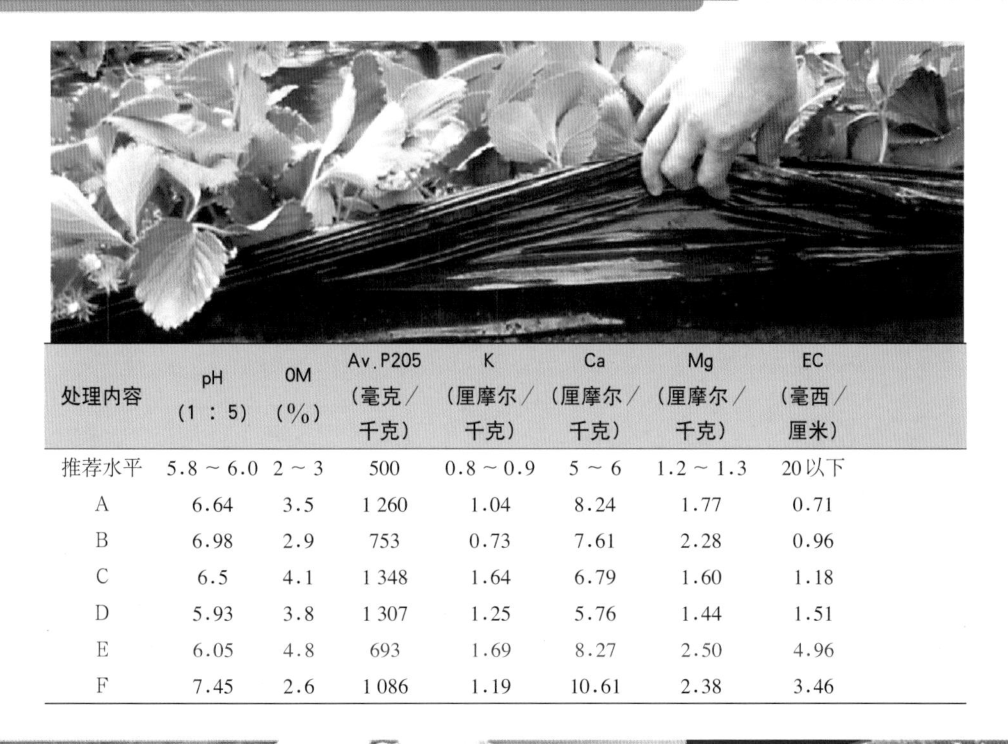

处理内容	pH（1：5）	OM（%）	Av.P205（毫克/千克）	K（厘摩尔/千克）	Ca（厘摩尔/千克）	Mg（厘摩尔/千克）	EC（毫西/厘米）
推荐水平	5.8～6.0	2～3	500	0.8～0.9	5～6	1.2～1.3	20以下
A	6.64	3.5	1 260	1.04	8.24	1.77	0.71
B	6.98	2.9	753	0.73	7.61	2.28	0.96
C	6.5	4.1	1 348	1.64	6.79	1.60	1.18
D	5.93	3.8	1 307	1.25	5.76	1.44	1.51
E	6.05	4.8	693	1.69	8.27	2.50	4.96
F	7.45	2.6	1 086	1.19	10.61	2.38	3.46

作物观察（叶片、果实、根部）

各种有机物材料的特性和使用效果

有机物材料	原材料	水分（%）	有效成分［千克/（吨·年）］			使用效果		
			氮	磷酸	钾	肥料效果	化学改善	物理改善
植物性堆肥	稻草、麦秆、虎耳草	75	1	1	4	中～小	小	中
稻草堆肥	稻草	55	1	3	4	小	小	大
木质堆肥	树皮、锯末、木条	61	0	2	2	小	小	大
家畜粪堆肥	牛粪尿	66	2	4	7	中	中	中
	猪粪尿	53	10	14	10	大	大	小
	鸡粪尿	39	12	22	15	大	大	小
	牛粪锯末堆肥	65	2	3	5	中	中	大
	猪粪锯末堆肥	56	2	9	7	中	中	大
	鸡粪锯末堆肥	52	3	12	9	中	中	大

家畜粪尿是肥料

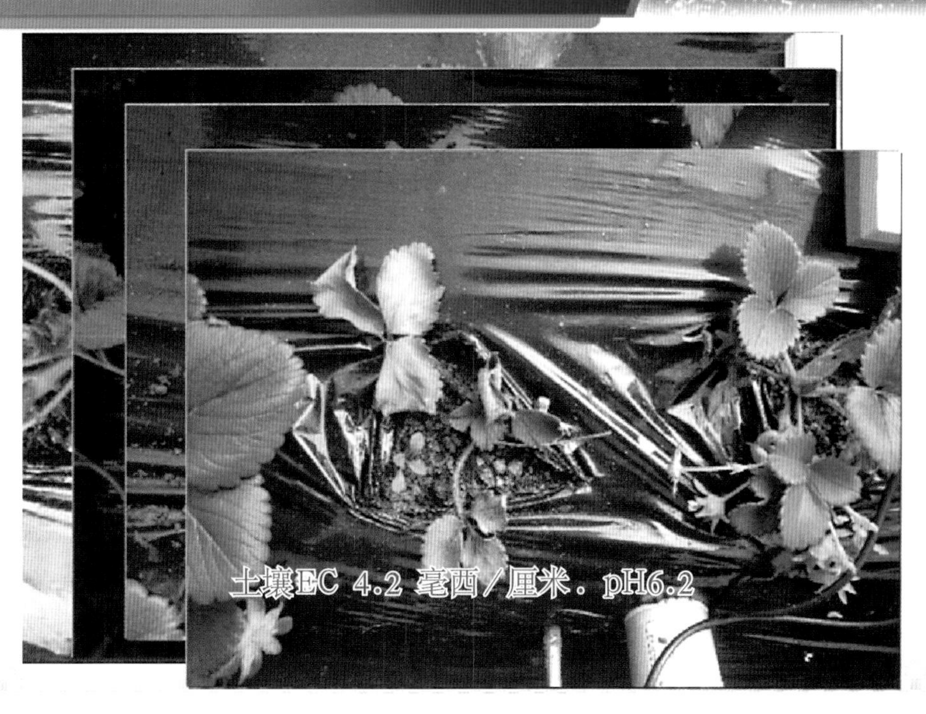

家畜粪尿是肥料

家畜粪尿是肥料

移植后缺钙

作物观察（叶片、果实、根部）

通过草莓＋水稻、芝麻、绿肥作物的轮作，消除盐类

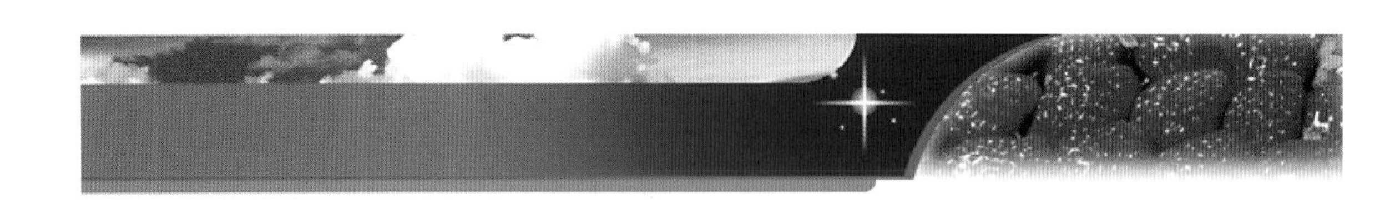

不同的草莓与后续作物土壤的盐浓度、磷酸及线虫密度变化

区分	减轻程度			
	盐浓度（毫西／厘米）	磷酸（毫克／千克）	根部黑线虫	
			（每30毫升数量）	生虫率（%）
试验前	3.99	654	98	100
草莓＋水稻	1.19	534	0	0
草莓＋黄豆	0.81	548	40	57
草莓＋玉米	0.89	567	46	66
草莓＋芝麻	0.79	503	0	0

引自：农村振兴厅、设施园艺土壤管理技术。

利用稻草和有机物（米糠、麦麸）的太阳能消毒

土壤消毒

7月中旬到8月下旬

↓

有机物（3吨）、麦麸、
米糠（1～2吨），石灰氮（60千克）

↓

用透明塑料覆盖土壤表面，
用安装的喷水软管灌水

↓

大棚密封（30～40天）

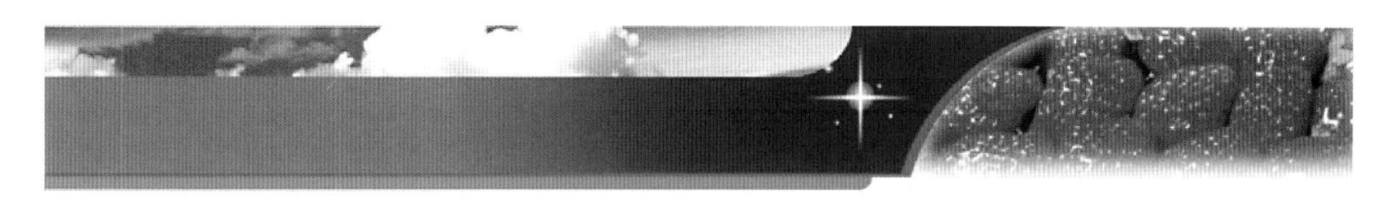

利用太阳能消毒作用杀死土壤中的微生物

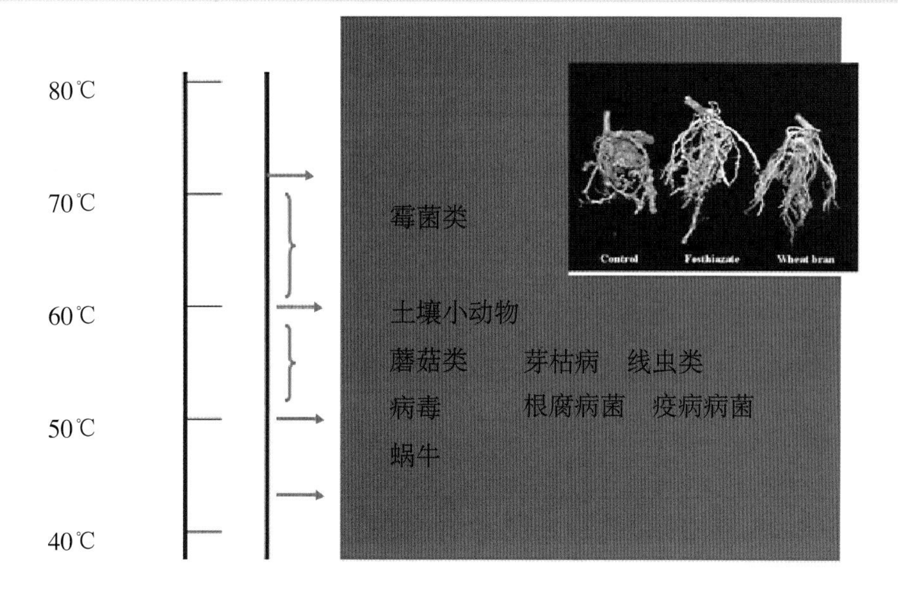

利用麦麸、米糠进行土壤还原消毒

①每300坪面积，均匀洒上2 000千克的米糠和麦麸

②将米糠和麦麸与土壤混合好

③在侧面挖一条能安装塑料卷的垄沟

④安装喷洒软管

⑤全面覆盖

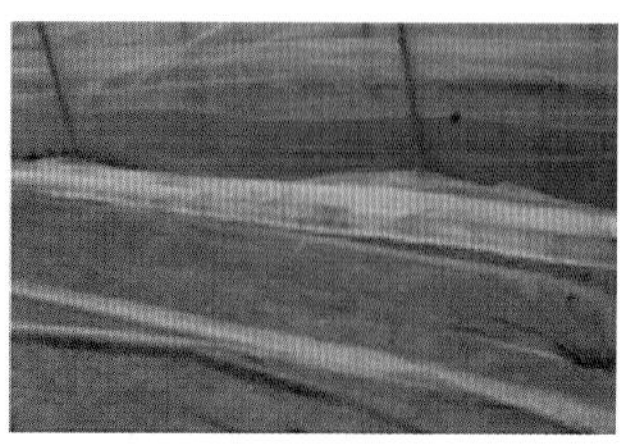

⑥垄的侧面铺上塑料卷，灌满水并密封好，不让空气流通

主要害虫和病原菌灭活的最低地温和时间

适用病虫害	最低地温（℃，地表下20厘米）	时间
枯萎病	40	8～14天
炭疽病	50	4天
根腐病	35	5天
根部黑线虫	40	2小时

引自：农村振兴厅，设施园艺土壤管理技术。

为了使土壤的通气性良好，有利于根部发育，需要制作高垄

制作高垄

○ 垄高：30 ~ 60厘米
  垄宽：90 ~ 120厘米
○ 根部发育好，肥料障碍发生少
○ 对湿度造成的伤害及干燥、低温造成的伤害适应性强
○ 因为透光性好，所以灰霉病少
○ 每株的生育均匀，产量高
○ 制作垄和移植时，工作量大且耗时多

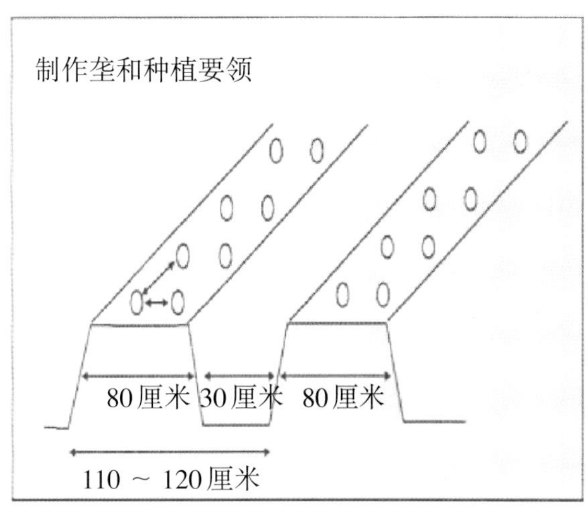

内侧25厘米 / 外侧50 ~ 55厘米

低 垄

○ 垄高：10 ~ 20厘米
  垄宽：100 ~ 300厘米
○ 土深浅，根部的发育不良
○ 通过灌注追肥时，多发生肥料障碍
○ 多发生灰霉病
○ 需要很多用于移植的苗
○ 容易做垄、作业简便

利用消毒剂的大棚消毒方法

○ 拆除1周前，将营养液罐里的营养液供应完，然后仅用水供应来降低肥料浓度

○ 收获完成后，为了对作物、培养基、残留物进行整理，同时为了对滴水软管、各个罐、消毒罐、营养液供应管路进行消毒，用水灌满空的原水罐，投入500～700倍的消毒剂进行稀释，并将它通过A罐和B罐。

○ 将废液全部流出后，将排水阀门关闭，用消毒剂灌满营养液供应管路。（放置1天以上）

○ 放置1天以上后，将杀菌溶液全部流出，用清水灌满罐，供应1天以上进行水洗处理。

○ 将消毒剂稀释500～700倍，用高压式或自动喷雾器，对温室内外、农器具、全部作业室进行充分地喷洒，将病原菌杀死。

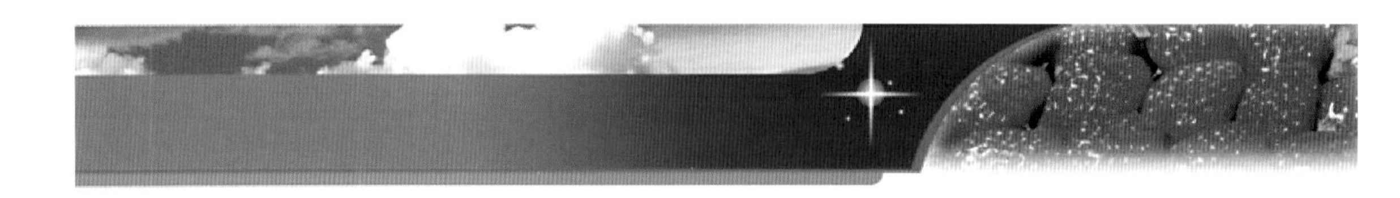

新有机培养基（可可泥炭）清洗

○ 填充培养基

○ 24小时灌满水后流出（反复3次，需要3天）

○ 将营养液A的EC调整到1.5，供应24小时（灌满液状态）

○ 将营养液流出，并水洗后，EC调整到0.8

已使用有机培养基（可可泥炭）清洗

○ 将消毒剂稀释500～700倍，灌满培养基

○ 24小时后流出（清洗3次）

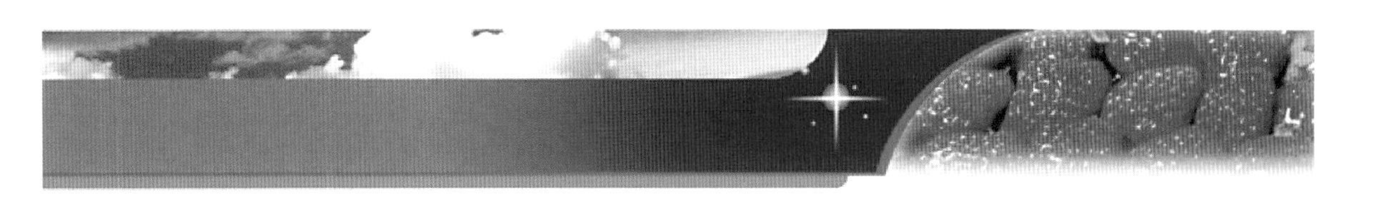

2 因为移植期是高温，要做好炭疽病、枯萎病、蕈蚊的预防

一口啤酒

炭疽病发生状况

◯ 1980年，随着女峰品种的引入，韩国开始出现炭疽病

— 梅香、雪香、锦香、鲜红等品种易发生炭疽病

◯ 育苗期炭疽病的发生率最高达38.2%

◯ 露地育苗比设施育苗发生更多

炭疽病抵抗力程度

各草莓品种对炭疽病的抵抗力比较

发病度	品种
0	Aromas、Casecde
1	久能早生、雪红、水红
2	Amore、丰香、满香
3	枥乙女、甜王
4	红珍珠（陆宝）＞雪香＞锦香＞梅香、佐贺清香、丽红、吉庆53号
5	夏乙女、红颜、幸香 、新女峰、章姬、静宝

* 0：抵抗力强，6：疾病易感型。

* 坏死程度达到1毫米以上就认定为发病（接种后第14天）。

各种草莓品种对炭疽病抵抗性的简单验证结果（金大英，2007）。

炭疽病菌的生态

○ 孢子的发芽，要求100%的相对湿度

○ 为了感染，喜欢高温多湿的条件

○ 孢子会形成粉红色的分生孢子形态

○ 随着风和雨轻易扩散传播

○ 在土壤中以分生孢子的状态可以存活30天

生活史

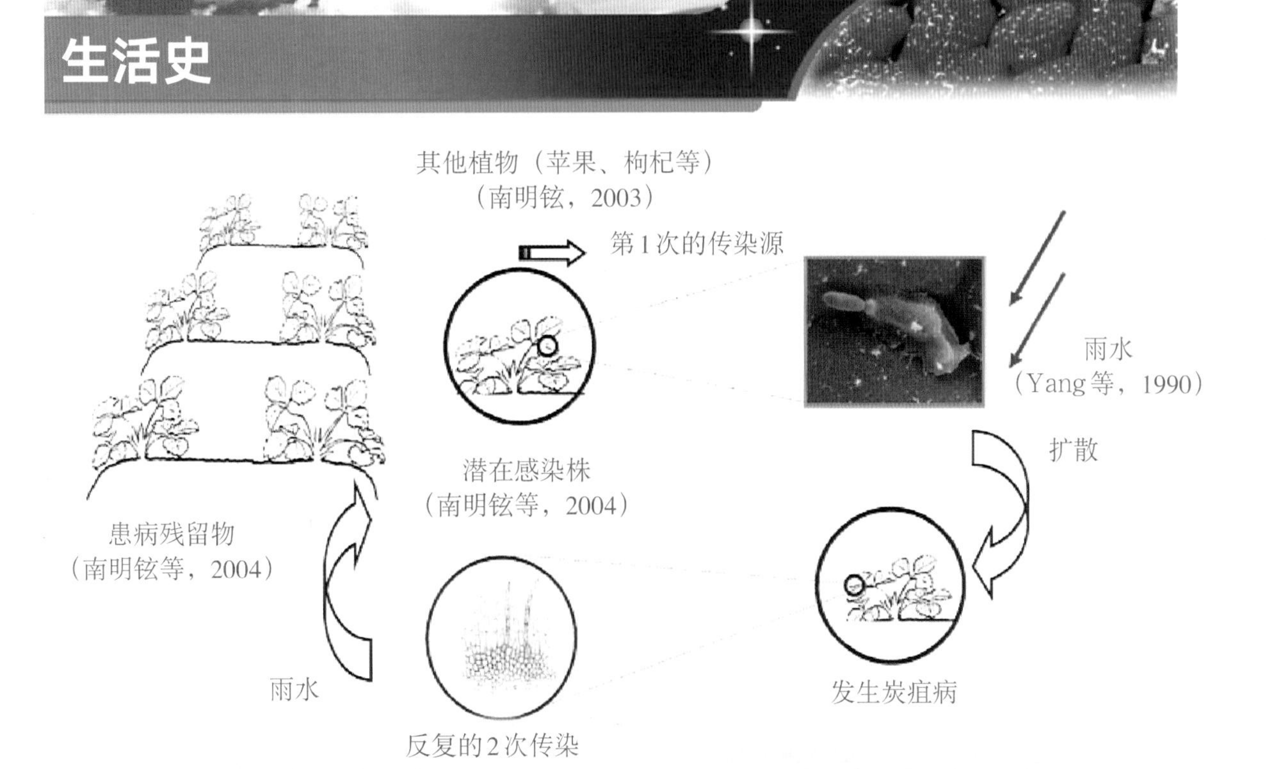

发生在根茎上，随后整体地上部位全部干枯，最终枯死
（后期症状）

草莓炭疽病菌药剂的菌丝生长抑制率调查

药剂系统	药剂名	稀释倍数	杀菌率	菌丝生长抑制率
苯并咪唑系 (benzimidazole)	苯菌灵 可湿性粉剂	1 500	325	52
	Jioupan 可湿性粉剂	1 000	700	46
保护杀菌剂	代森锰锌 可湿性粉剂	500	1 500	98
	antelakel 可湿性粉剂	500	1 400	99
	dakonier 可湿性粉剂	600	1 237	81
	belkudeu 可湿性粉剂	1 000	300	96
	silvaco 可湿性粉剂	1 000	250	94
	bayico 可湿性粉剂	2 000	125	86
	Bogateu 水分散性粒剂	2 000	50	93
	sporogon 可湿性粉剂	2 000	250	100
三唑系	Cabeliou 油剂	4 000	55	96

移植前浸泡处理

- oktiba、kabeurio、sporogon 中选择一种（化学防治）
- exten+浆果伙伴（berry mate）(无农药，有机栽培)

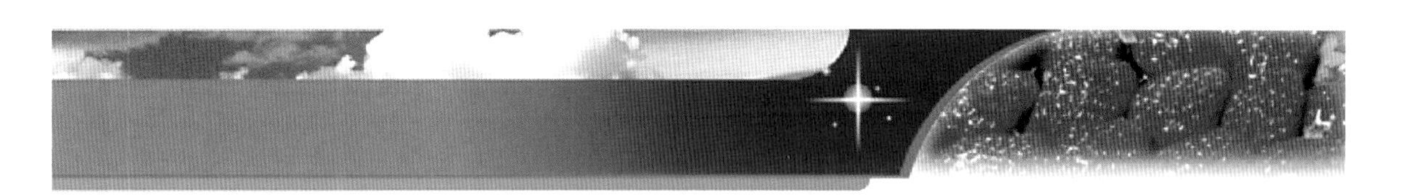

移植前不同的咪鲜胺锰浸泡时间带来的雪香草莓的炭疽病防治效果

浸泡时间	患病指数	控制值（%）
30秒	0.4 a	88.9
10分钟	0 a	100
1小时	0 a	88.9
2天	0.4 a	88.9
无处理	3.6 b	
P> F	0.000 1	

* 用咪鲜胺锰处理1小时以上，或进行药剂处理后，如果冷藏保管会出现矮化现象。
* 用嘧菌酯浸泡10分钟时，呈现了防治效果，处理时间上没有差异。

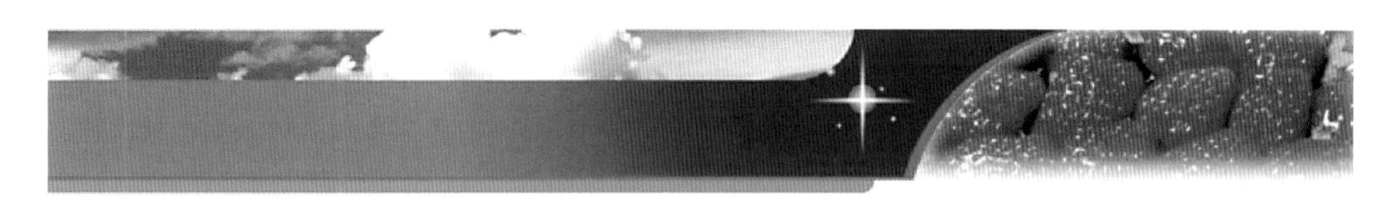

雪香在移植前进行的各种药剂浸泡处理的炭疽病防治效果

药剂名（商标名）	患病指数	控制值（%）
咪鲜胺锰（sporogon）	0.4 a	88.9
嘧菌酯（oktiba、yeabarshan、natana）	1.2 a	66.7
吡唑醚菌酯（Cabrio）	1.2 a	66.7
代森锰锌（dayiseanM、代森锰锌）	1.6 a	66.7
双胍三辛烷基苯磺酸盐（butina）	3.6 b	55.6
无处理	0.005 2	
P> F		

不同品种在各种温度下，病害症状出现的时间

品种	25℃	30℃	35℃
雪香	20天	17天	15天
梅香	15天	7天	10天

＊不同的品种出现炭疽病症状的时间，会随着温度的提升缩短，在30℃温度下雪香是17天，梅香是7天，梅香比雪香的出现时间短。

＊不同品种出现症状的时间差异与疾病抵抗力有密切的关系，雪香比梅香发生炭疽病的情况少。

移植后silvacur危害（潭阳郡农业技术中心10.26）

枯萎病发生现状

○ 在梅香、锦香、枥乙女等品种当中发生的土壤传染性病害，防治难

○ 连续种植时危害会增加

○ 育苗期，移植之后发生较多

○ 育苗时是6～7月，半促成栽培是2月以后多发

枯萎病发生的大棚

枯萎病症状

1～2个小叶变小，新叶变黄色
随着根茎部分的导管出现褐变

枯萎病的病原菌和传染路径

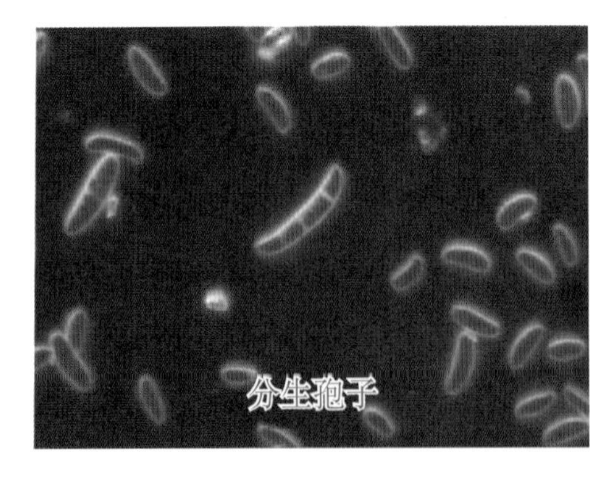

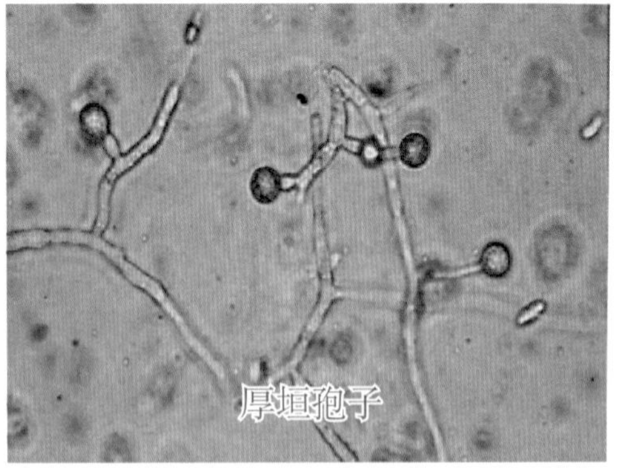

传染路径

○ 土壤中的厚垣孢子成为主要传染源，入侵草莓的根部

○ 母株导管内的病菌通过匍匐茎传染到子株

枯萎病症状

枯萎病症状

枯萎病生态和发病条件

○ 土壤传染性霉菌

○ 发病的适宜温度28℃（可生存于8～36℃）

○ 在患病的植物组织或土壤中，以厚垣孢子的形态越冬

— 没有寄主植物，也可以生存好几年，是连续种植障碍的原因

○ pH低时，沙土、含盐量大的土壤中发生较多

○ 未成熟堆肥造成的根部障碍

○ 3～4月，因过度使用肥料造成的根部障碍，会发生枯萎病

枯萎病防治

草莓枯萎病防治的药剂预防及治疗效果

药剂名	预防效果[b]	治疗效果[a]
咪鲜胺	0.6（76%）	1.0（60%）
吡唑醚菌酯＋烯酰吗啉	1.3（48%）	1.5（40%）
咯菌腈	1.3（48%）	1.8（28%）
烯酰吗啉＋王铜	0.9（64%）	2.3（8%）
氢氧化铜	0.8（68%）	2.5
P＞F	2.5	2.5

a．患病指数：0=无发病；1=1～2个叶子弯曲，新叶黄色；2=所有叶子都弯曲，单数叶；3=叶子变黄，1/2枯萎；4=全体枯萎；5=枯死。接种病原菌82天后调查。

b．预防效果是接种病原菌前的1天，治疗效果是接种1天后处理的。

＊南明铉，2007，草莓研究事业团研究报告。

蕈蚊防治

○ 育苗期要集中防治，安装寒冷纱

— 安装在侧窗和入口

○ 床土要在太阳光下充分干燥后使用

— 蕈蚊对干燥环境的适应力弱

○ 母株移植的同时，安装粘板

— 高30厘米，间隔100厘米

○ 育苗时，清除底部及通道的湿气、苔藓、杂草

○ 用昆虫病原性微生物及天敌适时处理

— 尖狭下盾螨每991米^{2}10 000只，昆虫病原性线虫7 000只

蕈蚊造成的损害症状

从卵－幼虫－蛹－成虫，需要约20天（25℃）

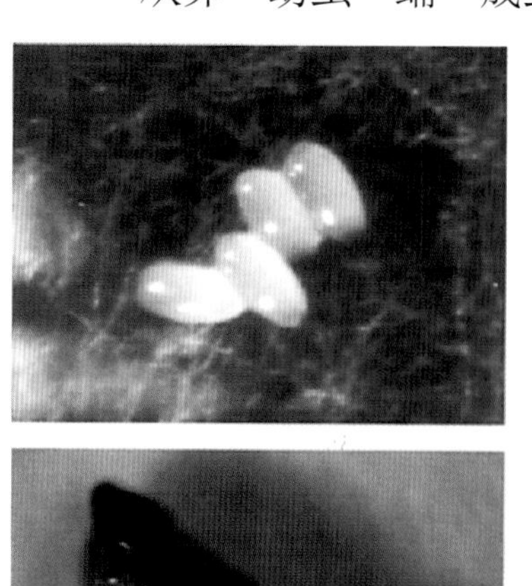

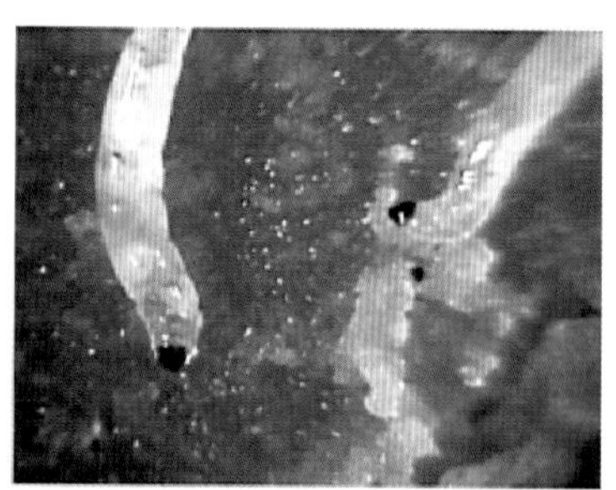

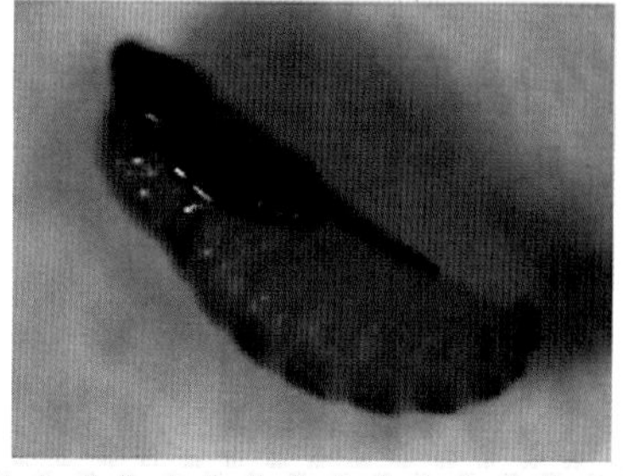

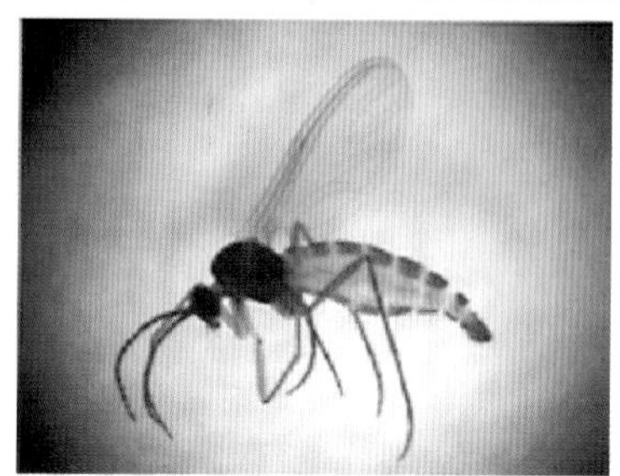

蕈蚊造成的损害症状

粘板、天敌、微生物放养

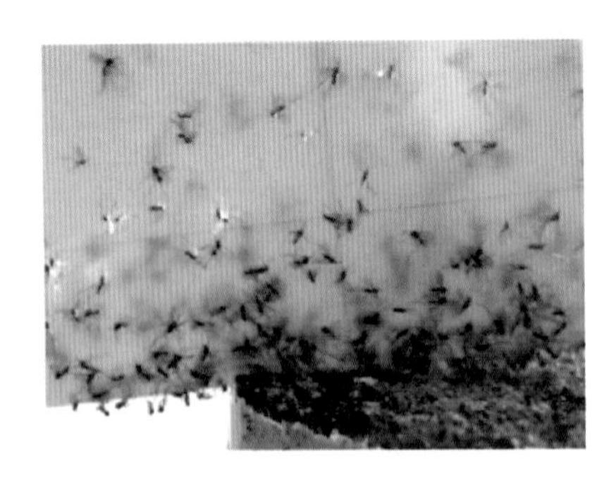

◯ 防治：moseupilan（音译，有效成分为氟啶脲可湿性粉剂2 000倍液，atabulon（音译，有效成分为氟虫隆可湿性粉剂2 000倍液）

◯ 天敌：昆虫寄生线虫，尖狭下盾螨

3 移植后促进早期成活

移植 7 天前遮光

移植时不去掉钵里的床土

倾斜种植/为了快速成活

敲掉钵床土移植

移植后立即浇透水

2014.11.04

10月5日移植

2014.11.04

10月28日移植

移植5天后根部状态

移植20天后生育状况

移植后成活不振

草莓发生叶焦尖（异常叶）的因素

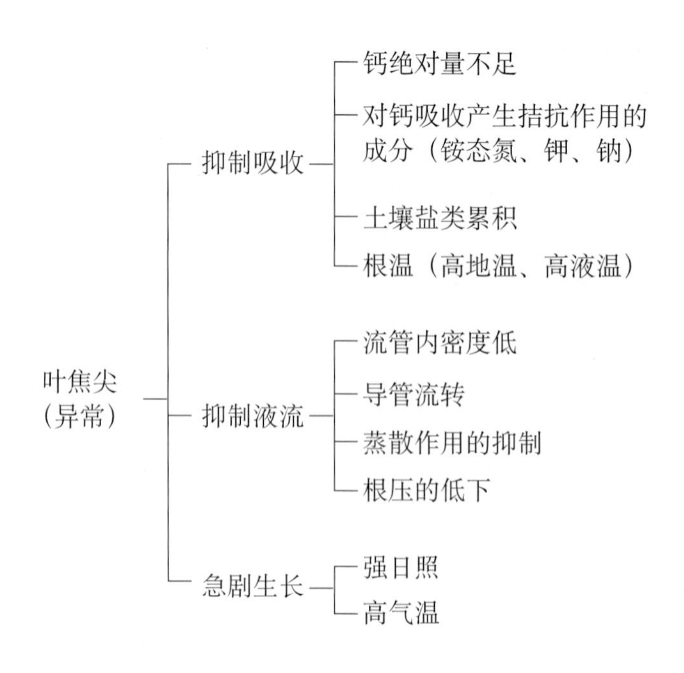

促成栽培保湿开始时温度管理

○ 设施的保温开始后，11月上中旬左右，如果夜间温度下降，就要覆盖2层塑料薄膜进行保温，将夜间温度保持在5℃以上

○ 温度管理时，初期要保持在昼间30℃，夜间12℃；发芽期及开花期要保持在昼间25℃，夜间8℃；果实膨大期及收获期，通过夜间5～7℃的低温管理，促进果实的膨大

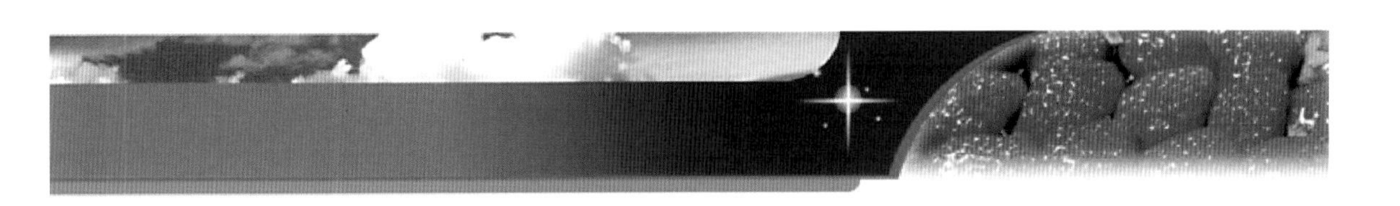

促成栽培大棚的温度管理

生育阶段	昼间气温（℃）	最低气温（℃）
生育促进期	28～30	12
发芽期	25～26	10
开花期	23～25	10
果实膨大期	20～23	6～8
收获期	20～23	5～6

不同育苗方式的移植时期及保湿开始期（月．日）

育苗方式	移植日期／花芽分化期	保温开始期
平地育苗	9.20	10.20 ~ 10.25
单根、遮光处理	9.15	10.15 ~ 10.20
钵育苗	9.10	10.10 ~ 10.15
夜冷育苗 (8月上中旬处理)	9.1 ~ 9.5	10.5 ~ 10.10

施肥及水分管理

○ 施肥量要根据品种、种植方式、土壤条件、生育阶段、收获期间决定

○ 为了避免土壤累积盐类，要以果实膨大期—收获期为中心，将肥料溶解，通过滴水软管，以10 ~ 15天为间隔进行追肥

○ 果实膨大期，同时进行叶片施肥会更有效果，但要注意不要妨碍蜜蜂的活动，以及设施内部不能过湿

○ 移植以后到开花期为止，通过稍微多湿的管理，促进根部的发育；开花期以后，果实膨大期及收获期在管理时要减少一定的灌水量，但不能发生因干燥造成的盐类障碍和缺钙现象

○ 生育期间的水吸收量为每株15升，每次的灌水量减少，增加灌水次数

保温开始后，腋芽清除及叶片数量管理

○ 通过腋芽清除，增加光合作用的量，促进作物的发育

在促成栽培过程中，冬季严寒期，叶片变小，出叶的速度也慢，所以小叶会比严寒期先生出的下叶更缓慢生出

○ 叶片的数量在开花期要确保5～6片，结果膨大期以后要确保8片，但因为光合作用寿命长，所以冬季留住下叶更为有利

○ 保温开始期以后到新春新的叶片长大为止，除了病叶和黄化叶等之外，避免摘叶比较好

摘花及摘果作业

○ 比起摘果，摘花、摘芽、摘花茎（摘除部分花茎）效果比较好

○ 每个花序，主花序留下 7花，第2花序留下 5花，第3花序以后留下3花，剩下的进行摘花，按范围适当调整

半促成栽培的种植方式

○ 通过9月下旬至10上旬移植打破休眠后，11月下旬至12月上旬进行保温，2月开始收获的种植方式，陆宝（红珍珠）、雪香、幸香是主要的品种

<table>
<tr><td>1月</td><td>2月</td><td>3月</td><td>4月</td><td>5月</td><td>6月</td><td>7月</td><td>8月</td><td>9月</td><td>10月</td><td>11月</td><td>12月</td></tr>
<tr><td colspan="6">收获→
育苗开始→</td><td colspan="6">←防治炭疽病→ 移植←休眠期间→保温</td></tr>
</table>

草莓半促成栽培

移植后管理及保温时期的决定

○ 到保温开始为止，通过维持4片左右的叶片数量促进第2花序的分化

○ 考虑到病虫害的风险，成活后进行炭疽病的防治

○ 休眠的开始期是10月中下旬，最深期是11月上中旬，完成期是1月中旬

○ 为了第3花序的顺利分化、维持合理的植物活力和连续发芽，要注意不要完全打破休眠，要维持休眠状态

保温后管理

○ 使休眠前生成、但未生长的5～6片叶子正常生长

○ 用5～10毫克／千克（5毫升／株）的赤霉素处理1～2次，然后用塑料薄膜进行覆盖

○ 在土地解冻的情况下，开始保温，用充分的灌水促进生育

○ 大棚的温度管理分5个阶段进行管理（每阶段降低2～3℃）

草莓半促成栽培的温度管理目标

生育阶段	昼间温度（℃）	夜间温度（℃）	备注
保温开始期（高温管理期）	30～35	10～13	
发芽期	28～30	8～10	
开花期	25～28	5～8	10天内进行
果实膨大期	23～25	5	
收获期	20～23	5	

一定要移植完成花芽分化的苗（花芽分化期＝移植）

花芽分化

○ 什么是花芽分化？

— 生长点停止向叶的分化，转向花的分化

— 自然条件下，花芽分化期20～30天前感应花芽分化

* 短日：日长低于13.5小时以下（8月下旬）

* 温度：7～25℃

* 短日后16～24天后，开始第1次花芽分化

— 自然条件下，花芽分化的开始时期：9月下旬左右

— 花芽分化未分化状态时的施肥：分化延迟，开花和收获不均匀

草莓花芽分化

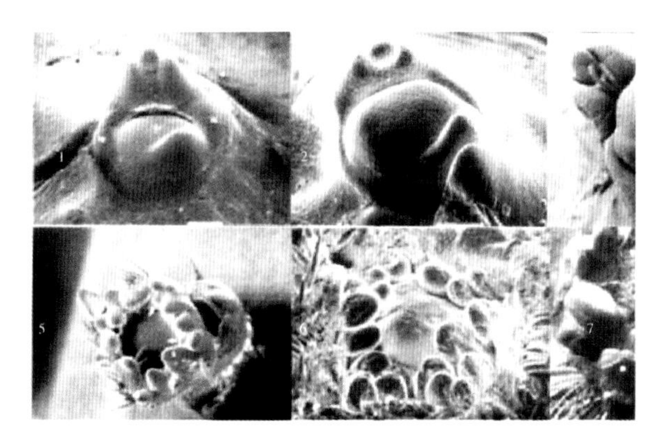

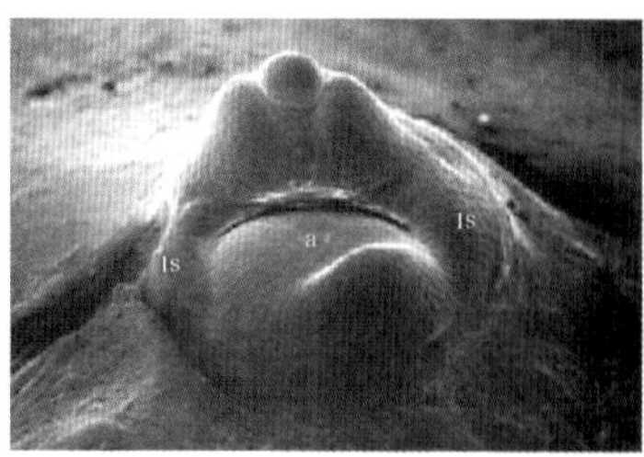

草莓营养顶点的形态。在花序形成之前。顶圆丘(a)相对平坦，部分被幼叶发育的托叶(ls)包围。

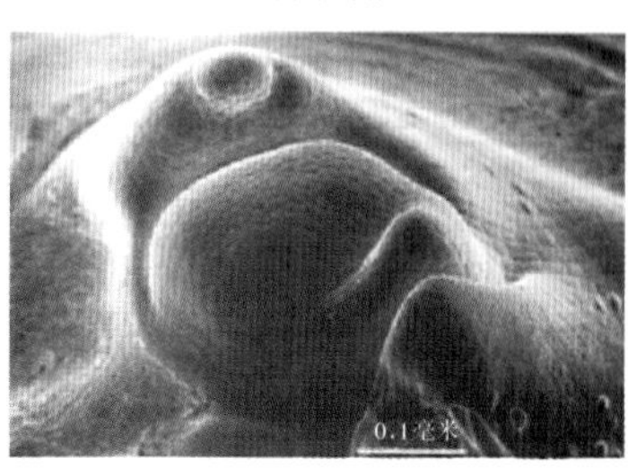

一种先端的形态，表现出花序形成的最初迹象。在发育的托叶水平以上的地方有一个隆起的穹窿。加宽，锥形多。

环境因素对花芽的影响

引导花芽分化的期间	花芽发育期间	开花期
6～16日 生理上花芽分化期 7～10日 形态上花芽分化期	约60天（根据温度有所不同）	
低温、短日	高温、长日 （主花序的开花数，腋花序的分化延迟）	
低氮	高氮→促进开花期、增加花的数量	
叶片数量少	叶片数量多→光合作用→促进开花，小果数增加	

花芽分化前后的环境和草莓的生态（宇田川，2003）

草莓花芽分化

为了促进草莓的花芽分化，需要事先进行的作业

○ 改善育苗方式：土壤<种子根<钵
○ 育苗地选择：平地<高寒地带，连作地<处女地
○ 适时进行母株移植
○ 促进母株成活，健康的植物活力
○ 发生充分的匍匐茎（早期确保目标子苗数量）
○ 持续的子苗摘叶

促进花芽分化处理

○ 7～8月人工进行低温短日处理（夜冷育苗等）
○ C/N调整，限制氮（氮减少、磷酸钾施肥、钙施肥），供应二氧化碳
○ 土壤（培养基）干燥
○ 气温下降，高寒地带育苗、遮光、水幕、风扇和垫子
○ 根际温度/地下水循环，地面灌水
○ 营养液管理，EC浓度，营养液供应（时间、次数）
○ 钵育苗
○ 摘叶（母株、子苗）

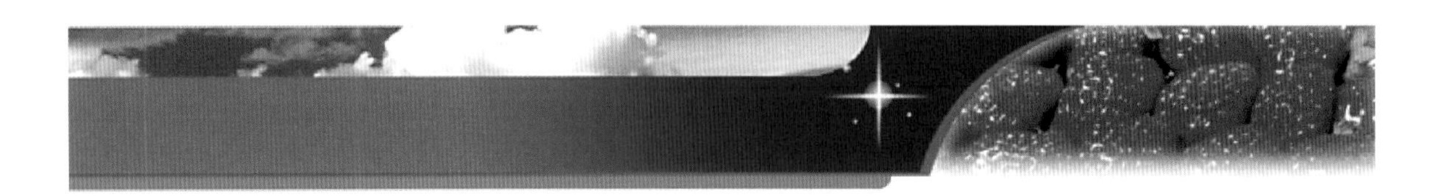

磷酸钾（KH_2PO_4）叶面施肥时，幼苗生育情况（李哲圭，2012）

处理内容	初长（厘米）	叶数（片/株）	叶柄长（厘米）	叶面积（厘米^2/株）	根茎直径（毫米）
KH_2PO_4	23.8	3.7	16.2	123.9	8.2
对照（无处理）	24.5	3.5	16.5	129.7	7.6

* 处理方法：叶面施肥2次（8月1日，8月10日）。

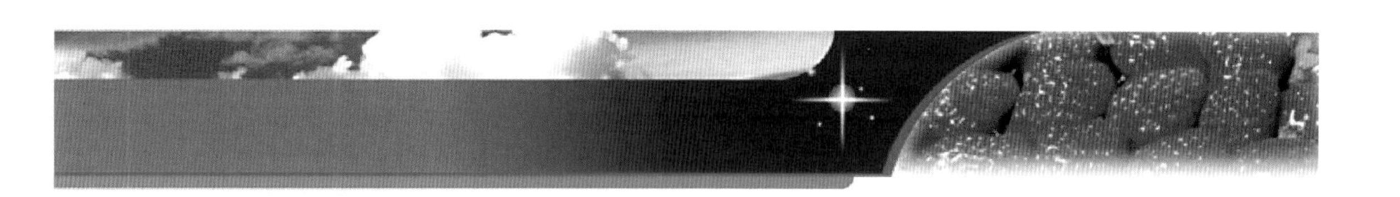

磷酸钾（KH_2PO_4）叶面施肥后，移植40天后的生育情况（李哲圭，2012）

处理内容	初长（厘米）	叶数	叶柄长（厘米）	叶长（厘米）	叶宽（厘米/株）	根茎部直径（毫米）	叶绿素含量（SCDSY）	发芽率（%）
KH_2PO_4	24.4	6.0	11.9	11.4	9.3	16.4	44.1	84.6
对照（无处理）	24.9	5.8	12.1	11.7	9.7	16.1	46.4	80.2

* 栽培方式：移植9月15日，种植距离20厘米×30厘米（株距×行距）。

磷酸钾（KH_2PO_4）叶面施肥时的生育情况（李哲圭，2012）

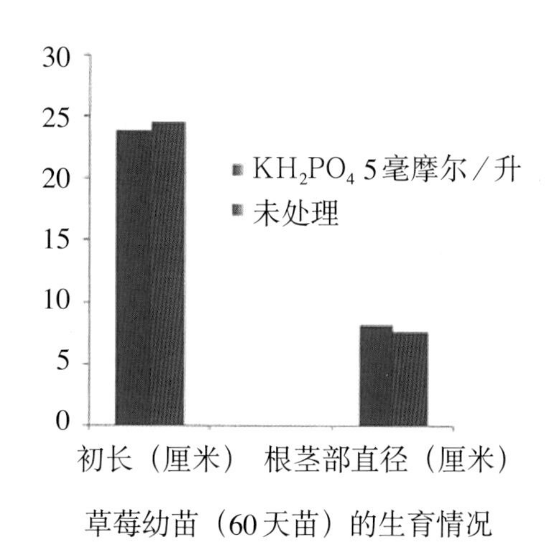

草莓幼苗（60天苗）的生育情况

100
90
80
70
60
50
40
30
20
10
0
84.6
80.2
KH_2PO_4 5毫摩尔/升　未处理

移植40天后第1花序出芽率

— 处理方式：叶面施肥2次（8月1日，8月10日）
— 栽培方式：移植9月15日，种植距离20厘米×30厘米（株距×行距）

保温前为了促进第2花序分化进行温度及营养管理

第2花序分化

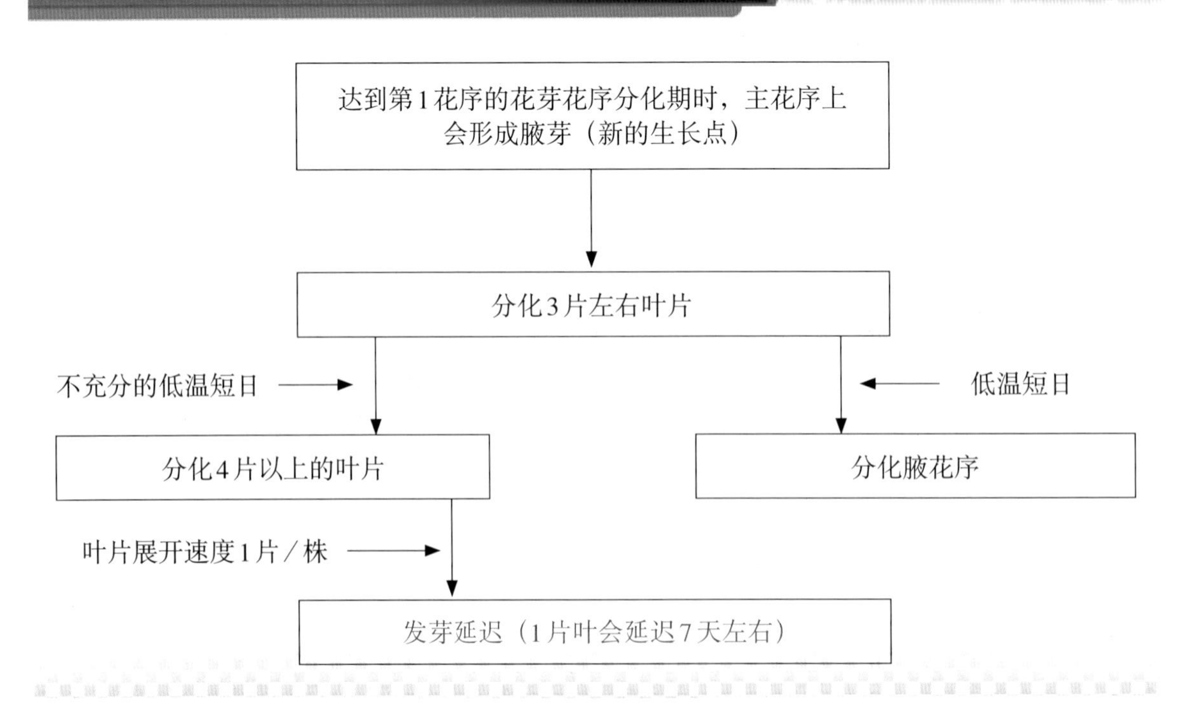

促进第2花序分化的管理

○ 促进分化

— 低温、短日、体内低氮

— 限制叶片数量：移植后到保温开始期，维持4片叶

（移植越迟，叶片数量要增加）

— 第1花序分化延迟、要避免氮的使用（促进第2花序分化）

○ 发芽延迟原因

— 相比于第1花序，第2花序的分化相对变慢，所以发生

— 第2花序分化需要感应额外的花芽分化

— 第1花序的过度发育（快速保温、高温）

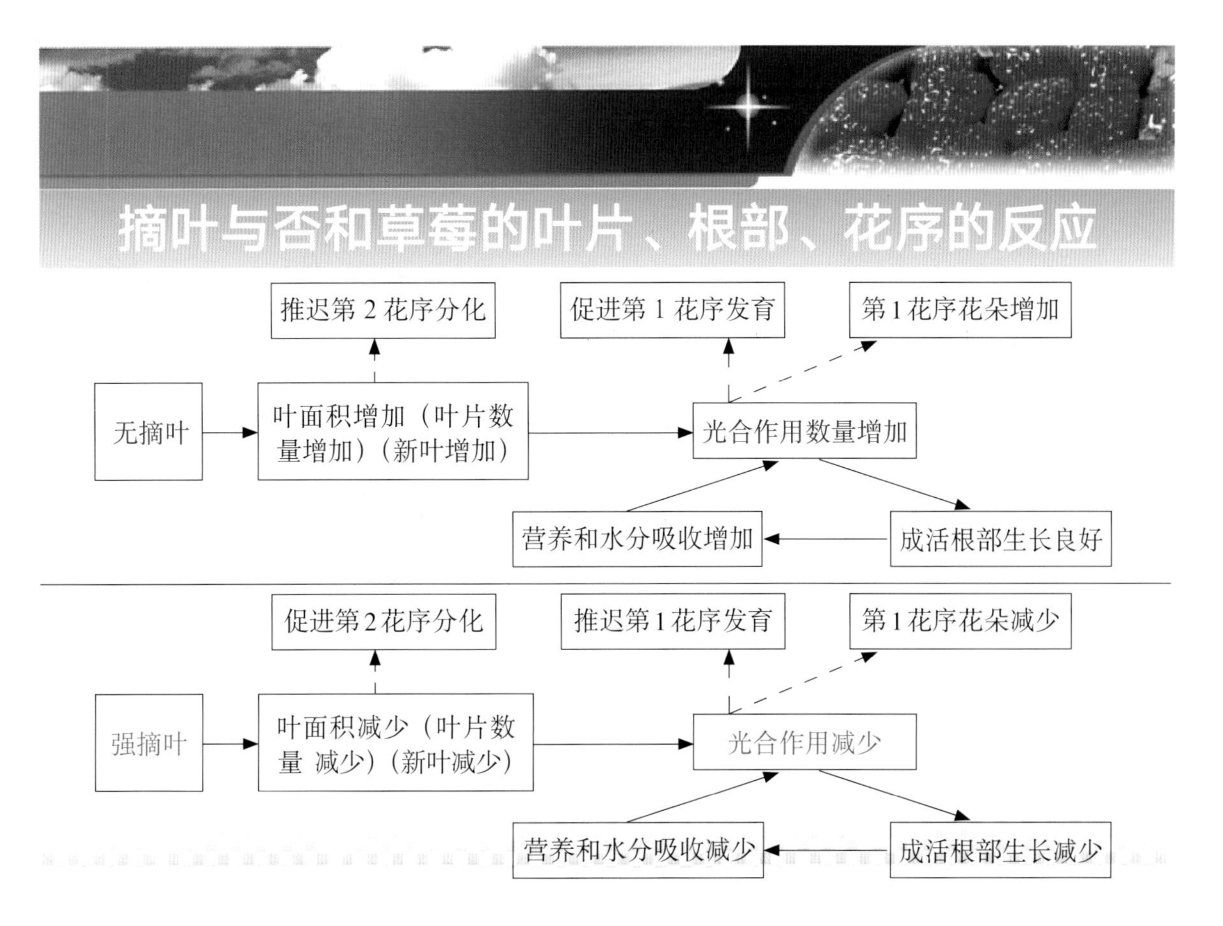

早期成活＋确保叶面积＋清除匍匐茎＋摘花摘叶

摘花结果

促进第2花序（低温、短日）

移植时，有无钵床土对草莓收获期的影响（川崎，1990年）

钵床土有无	收获开始日（月.日）		商品数量（克/株）	
	第1花序	第2花序	11～12月	1～4月
有	11.10	2.7	156	325
无	11.13	1.16	133	394

* 株根冷却、9月6日移植。
**通过第1花序花朵增加及发育促进，推迟第2花序发芽。

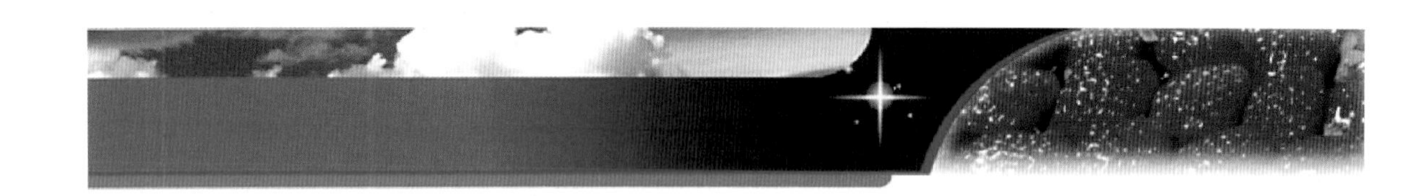

第2花序发芽9月12日，移植（2011.11.23）

6 收获期，彻底预防低温多湿造成的病害

白粉病的发病条件及传染路径

○ 发病合适温度20℃，相对湿度30%～100%（干燥）
○ 分生孢子发芽：在15～25℃，相对湿度70.5%～86.0%
○ 从发病的植株，向周边植株，孢子飞散
— 孢子飞散12天前后，湿度55%以下，晴天活跃
○ 由花粉媒介蜜蜂传染
○ 各品种抵抗力比较
— 章姬＜红珍珠＜竹香＜梅香＜潭香＜雪香
○ 硫黄剂：kumules、balistasheerpo
○ 微生物剂：bayibong、yeopsharlim，Qfeikteu
○ 冻剂：sanyaoliu
○ 迭氮基系：bayiko 、yimonenteu、bogadeu、sharlimgun
○ 咪唑系：teulihumin、mangotan
○ 酰胺系：siremseuta、hinteu、waulgesu
○ 嘧啶系：huiyinali、seuyiqi
○ 嗜球果伞素系：haebvichi、Cabeliou 、amiseutatam、bealiseupeurleseu

灰霉病

病原菌，发病适宜温度

- ○ *Botrytis cinereal*
- ○ 土壤中，存在患病植物的残留物或形成了菌核长期生存，喜欢20℃左右的凉爽多湿的环境
- ○ 通过芽枯病的发病部位、伤口部位、花的各器官（花瓣、雌蕊、雄蕊）入侵，通过粘上作为花粉媒介的蜜蜂毛传染

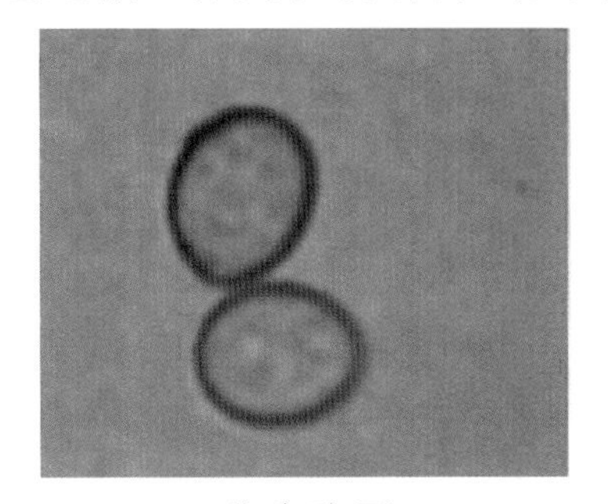
分生孢子

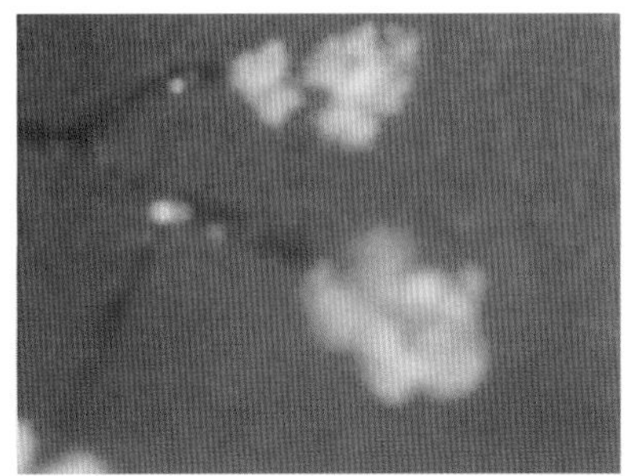
分生孢子茎

灰霉病

受害症状

- ○ 主要是果实、花萼、果柄、叶片、叶柄等地上部位受到损害，会严重损害果实
- ○ 入侵小果实中，产生褐变、黑褐变；多湿时，会发生灰霉菌
- ○ 受精后托叶会变成红色，产生褐变或黑褐变

受害症状

灰霉病

灰霉病

防治方法

○ 要彻底清除枯死叶、老化叶；患病叶清除后要进行深埋

○ 通过保温措施不要让植物体产生结露

○ 适当的换气

○ 化学防治，在投入蜜蜂前要进行彻底防治

MBC系统 ：苯菌灵、gabenda、jioupan、topxinM、geygeutan

二甲酰亚胺系：seumileseu、laobeulaer

氰基吡咯系：sapayier、seuyuqi

胍系：butina

嘧啶系：motuoseu、bangpaleu、neuerzhon

苯胺系：cantuseu、S1、byeongmaoli

羟基亚二内酯类：teaerdo、gyunmaoli

微生物剂：EchoZ、Echosmart、mycoside

腐殖酸：malinekseu

病原菌

○ 丝状菌，属于子囊菌类

○ 菌丝生育的适宜温度是20℃，喜欢水分高的环境

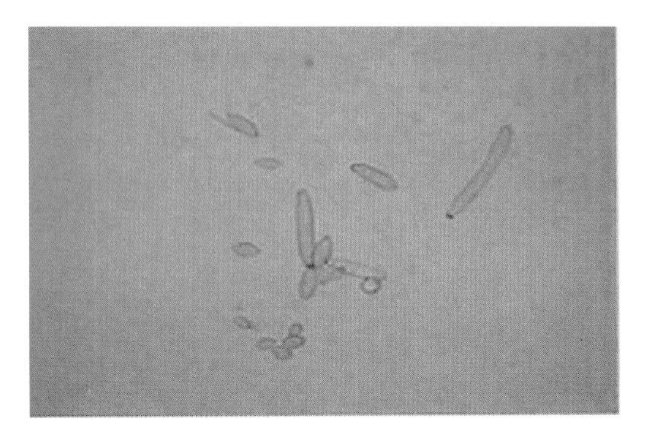

Cladosporlum cladosporioides

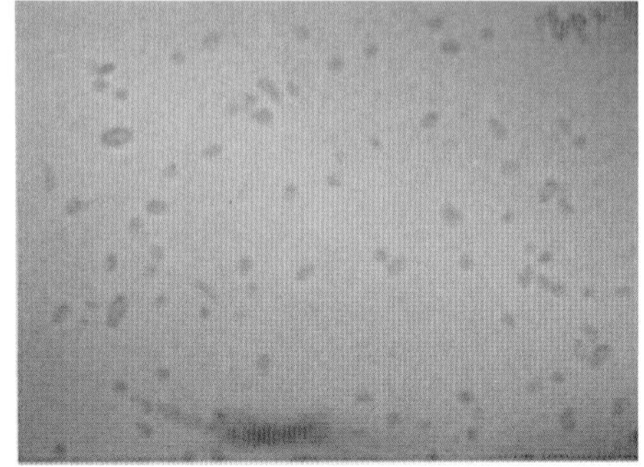

C. tenulsslmum

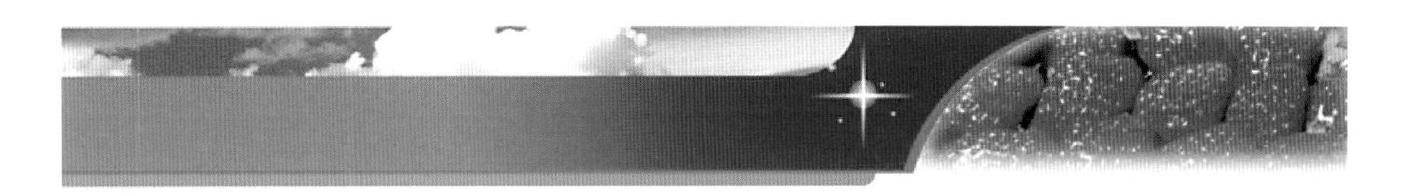

被害症状

◯ 雪香草莓花的雌蕊出现白色的霉菌，如果加剧，包括花萼在内的整个花变黑、枯竭的症状

◯ 发生时期：1～4月，平均发生率：20%

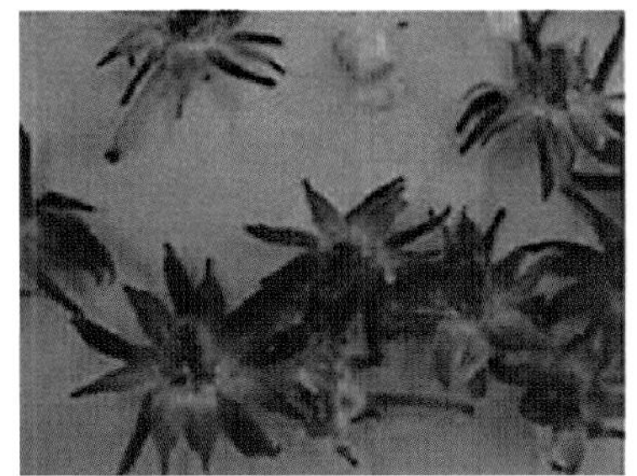  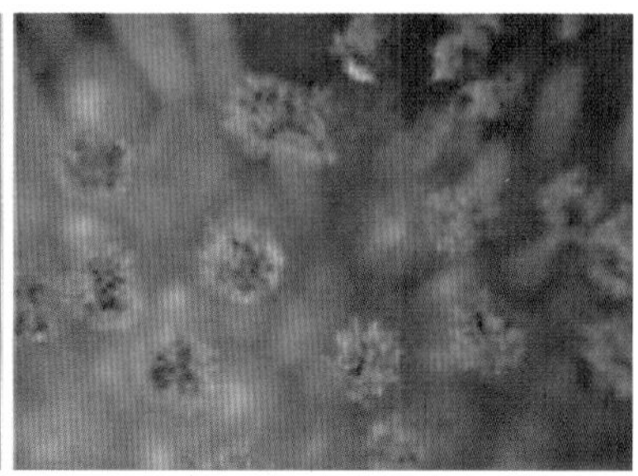

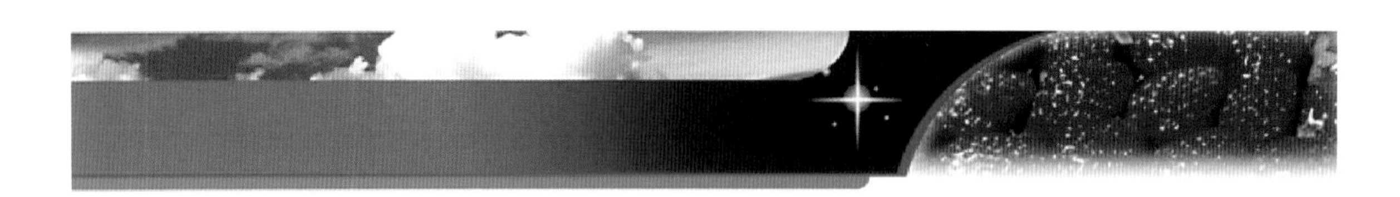

为了防治发生在花上的霉菌病选定的材料（忠南，2013）

药剂处理	处理浓度	处理植株		处理基质	
		患病花率	防治值	患病花率	防治值
咪鲜胺锰（sporogon）	2 000倍	13.8	78.1	5.3	84.6
NaDCC（生物绿色）	1 000倍	24.6	61.1	16.3	52.4
蜂胶	250倍	42.7	32.7	14.2	58.6
芽孢杆菌属NSB-1（superberry）	500倍	47.7	24.6	16.4	52.3
甲联球菌属唑（emenent）	2 000倍	61.0	3.7	16.3	52.6
无处理		63.3		34.3	

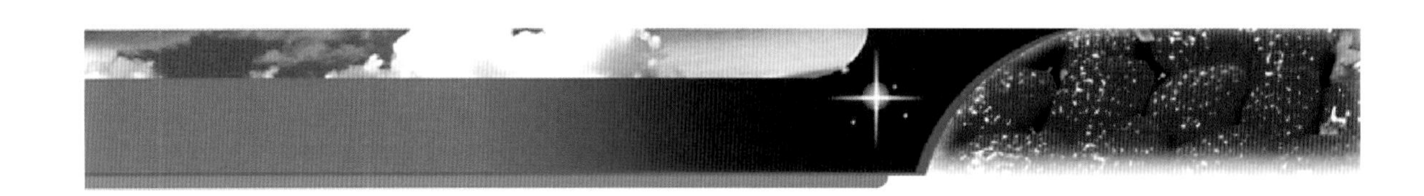

防治方法

○ 用咪鲜胺锰以1周为间隔，处理3次以上时，有84%防治效果；在开花最盛期处理时，可能会影响花芽分化，所以要修正以后处理

○ 作为绿色农药，芽孢杆菌属有52%的防治效果

草莓细菌性角斑病被害症状

○ 叶片的背面形成水渍状病斑

— 病斑小，不定形的斑点在叶片的背面形成

— 湿度大时，会从病斑处溢出黏糊糊的细菌液

○ 随着病情进展，病斑会扩散并融合，形成赤褐色点状斑

— 赤褐色病斑随后坏死

○ 初期病斑在灯光下是半透明

○ 严重的时候花萼也形成病斑

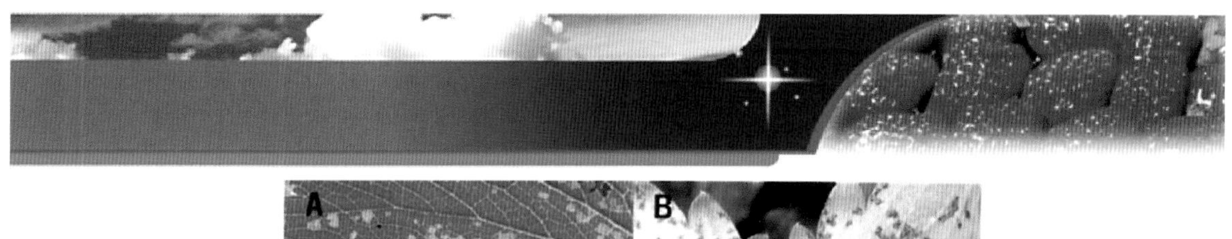

主要发生在草莓叶片，偶尔也会发生在花萼上。叶片上慢慢生成水渍状的小斑点，并形成了多角形的角斑病斑。如果在光亮处查看发病叶片的症状部位，其特点是叶脉周围呈现出多角形，并形成黄色光环（图A）。叶片背面会出现水渍状的多角形角斑症状（图B），病斑的大小为1～5毫米。病情加剧时，随着病斑的进展，会融合或变得不规则，叶片变褐色、枯竭干死，严重时能在花萼部位观察到细菌形成的菌落（图C）。

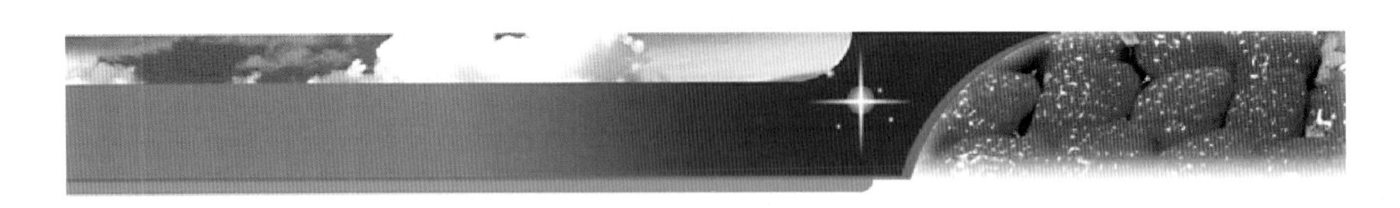

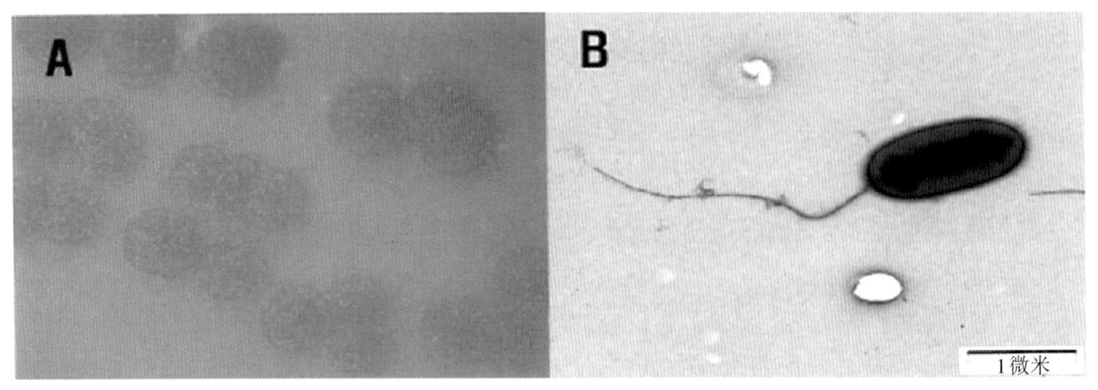

YDC培养基中，如果能观察到*Xanthomonas*属菌类形态特征之一的黄色菌落，可以通过再次涂抹添加了抗生剂的YDC培养基，分离出黄色的纯病原菌。为了病原性的验证，通过3天左右继代及养殖后，在NA培养基中使用。YDC培养基会分泌出圆形带黄色的橘色素，生育缓慢，革兰氏阴性（G－），因为有单极毛，带有运动性。

草莓细菌性角斑病发生原因

○ 缓慢生长的细菌，从气孔或水孔等自然开口处侵入

○ 在1次传染源（被污染的移植苗）新的孢子中出现

— 在高湿度下，病斑流出的细菌渗出液（2次传染源）

○ 细菌感染后，在干燥的叶片和埋在土壤中的植物组织中生存1周左右

○ 如果细菌感染了植物的导管部位，植物就会枯死

○ 在潮湿、凉爽的条件下，进行收获作业时容易感染

○ 会因雨水或洒水式灌水感染

草莓细菌性角斑病防治方法

○ 使用无病健康的苗，清除严重感染的底叶

○ 除湿（大棚上午换气）

○ 韩国没有公示的药剂，但喷洒防治细菌性病害药剂（日本）

○ 喷洒冻剂（cooper、可杀得）－高浓度、反复喷洒时会造成药剂伤害

○ 过氧化氢、植物抵抗性引导物质（exten、防螨抗菌）

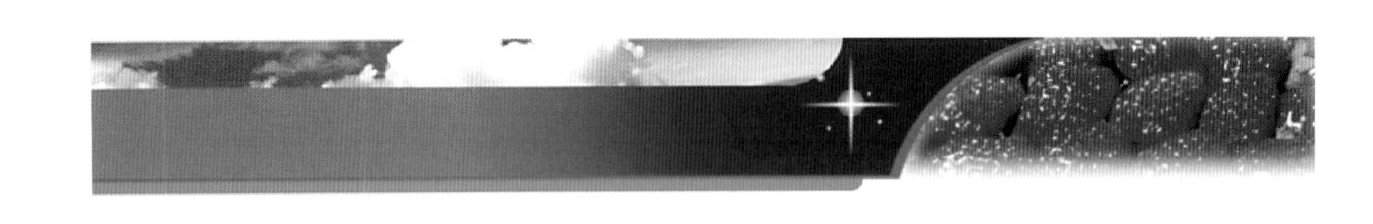

7 创造无畸形果和糖度、硬度好的草莓

决定草莓品质的是什么？

○ 外形：大小、形状、色泽、光泽、缺陷（形态、生理上病虫害造成的损坏）
○ 组织感：硬度、糖度
○ 风味：甜味、酸味、香
○ 营养：碳水化合物、蛋白质、脂肪、维生素、无机成分
○ 安全性：污染（残留农药、重金属）、天然毒性物质

创造漂亮的果实（草莓）

○ 果实形状

— 粘贴在花托上的种子发育（生产激素）

— 修整的部位，果肉膨大：水、糖分、氨基酸、无机盐类转移到果实内部

○ 着色：花青素（15～20度）体现、温度，少氮（分解叶绿素）

— 花青素原料：糖+花色素+光

○ 高糖度：缺少甜味原料（水、阳光）、叶数过少/过多、根部老化、低温/高温、过多结果、灌水方法、磷酸/钾/镁/铁不足

○ 硬度：灌水量、高温、过氮、缺钙

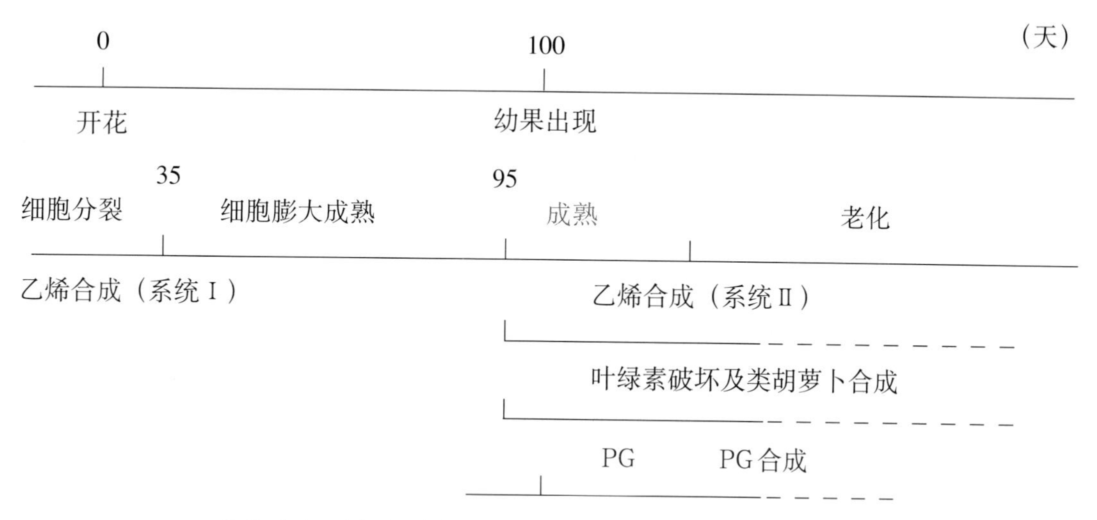

番茄生育过程中成熟阶段和成熟时发生的代谢变化

果实成熟过程中，发生的分解及合成过程

分解过程	合成过程
叶绿素的崩溃	线粒体结构的维持
叶绿素破坏	类胡萝卜素和花青素活跃
淀粉的加水分解	糖的生成及变换
有机酸的破坏	TCA回路活性增加
基质的氧化	ATP产生增加
苯酚化合物的失活	风味挥发性物质增加
果胶的溶解	氨基酸结合的增加
膜丧失选择性通过调节功能	养分运输的增加
膜系统泄露	为保存膜的特定部位进行的新陈代谢
被乙烯变成有机的细胞壁崩溃及软化	乙烯生物合成路径的形成

防止畸形果的产生和果实收获

○ 留意保温和换气，预防低温和高温造成的畸形果的发生
○ 发生原因虽然也有农药喷洒，多氮、媒介昆虫不足造成的不完全受精等，但因为花粉的低温障碍造成的畸形果会比较多
○ 主花序1号花开花开始时，要将蜂箱搬入大棚内，每1 000米^{2}有1个（巢脾4～5个，最少3个以上）就可以
○ 蜜蜂活动的适当温度是18～22℃，蜂箱安装在离地面70厘米处
○ 草莓果实的硬度低，所以要适时收获
○ 生育旺盛，成熟期和果实着色会延迟；要让花序生长
○ 昼间温度按25℃左右，夜间是按5～6℃管理

考虑草莓品种糖分积蓄时期的收获期判定

○ 着色后期开始急速积蓄糖分，着色完成后需要收获的品种有锦香、章姬、红珍珠（陆宝）、幸香、枥乙女等
○ 着色后期已经积蓄了大部分的糖分，着色完成前也可以收获的品种有梅香、鲜红、早红、雪香等

品种	甜度指数（%）			
	着色初期	着色中期	着色后期	着色完成期
枥乙女	60.3	58.5	62.8	100
章姬	65.4	63.1	79.7	100
梅香	82.6	74.5	95.7	100
红珍珠	76.2	70.8	77.5	100
鲜红	66.0	78.4	93.1	100
雪香	85.2	100	100	100

草莓畸形果的解决方案

○ 为了不受低温伤害，启动保温及水幕

○ 蜜蜂放养每1 000米^2 8 000 ~ 10 000只

— 20 ~ 25℃，紫外线可通过覆膜、农药和密封安全天数遵守

○ 尽可能减少开花期的病虫害防治，在花粉管生长时间过后的下午5时喷洒

低温、日照不足、坐果数量增加造成的光合作用不足

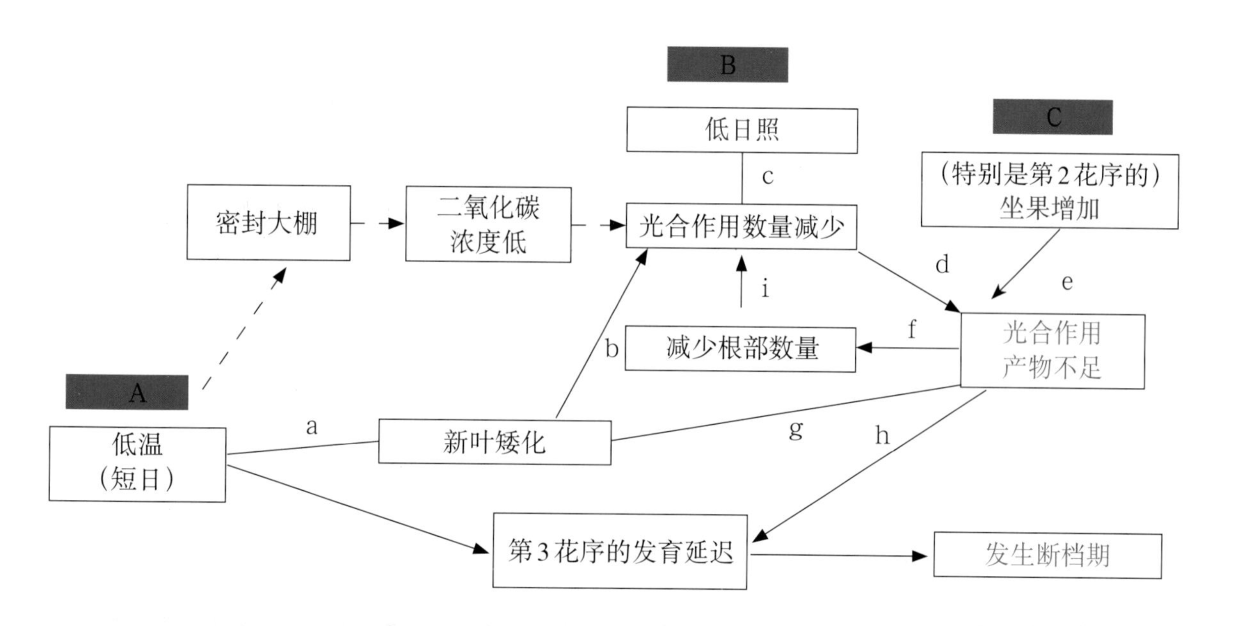

草莓果实的障碍发生条件和干预时期（宇田川，2004）

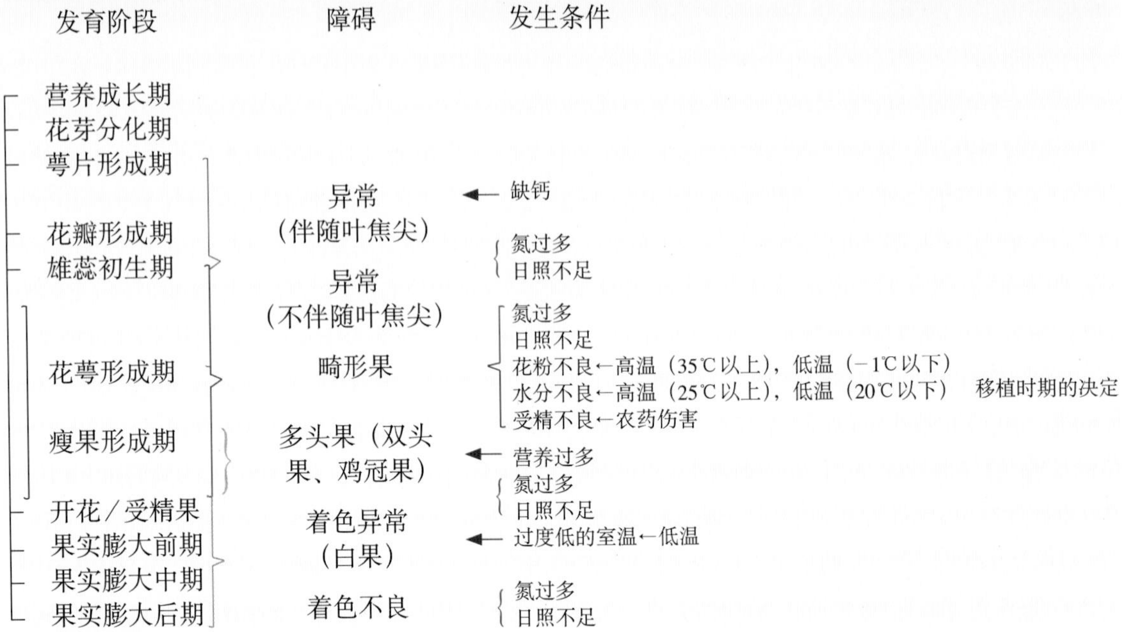

发育阶段　　障碍　　发生条件

营养成长期
花芽分化期
萼片形成期
花瓣形成期
雄蕊初生期
花萼形成期
瘦果形成期
开花／受精果
果实膨大前期
果实膨大中期
果实膨大后期

异常（伴随叶焦尖）← 缺钙

异常（不伴随叶焦尖）← 氮过多；日照不足

畸形果 ← 氮过多；日照不足；花粉不良←高温（35℃以上），低温（－1℃以下）；水分不良←高温（25℃以上），低温（20℃以下）；受精不良←农药伤害　　移植时期的决定

多头果（双头果、鸡冠果）← 营养过多

着色异常（白果）← 氮过多；日照不足；过度低的室温←低温

着色不良 ← 氮过多；日照不足

草莓各生育阶段温度管理

区分	低温极限（℃）	适宜温度（℃）	高温极限（℃）
地上部位的生育生长（气温）	20	20 ～ 25	28 ～ 30
地下部位的生育生长（地温）	13 ～ 15	18 ～ 23	25
水分吸收（地温）	9 ～ 12	18 ～ 21	25
肥料吸收（地温）	12 ～ 15	18 ～ 21	25
促进光合作用（昼）	10	15 ～ 20	30
促进运输（夕）	13	16 ～ 24	30
抑制呼吸（夜）	3 ～ 5	5 ～ 8	10
开花（气温）	13	20 ～ 25	30
花药开裂（气温）	10	14 ～ 21	30
蜜蜂的活动（气温）	14	18 ～ 22	30
花粉发芽及受精（气温）	20	25 ～ 30	30
果实膨大（昼）	10	18 ～ 22	30
果实膨大（夜）	0	6 ～ 10	14
果实着色（昼）	16	20 ～ 24	26

杀菌剂和绿色材料对草莓花粉发芽产生的影响（南明铉）

项目	90%以上抑制	50%～80%抑制	50%以下抑制
杀菌剂	嘧菌酯azoxystrobin（oktiba试剂） 双胍辛胺试水 iminoctadine try water belkuteu tellent水 醚菌酯kresoxim-methyl hacvich试剂 唑菌胺酯 pyraclostrobin kabeurio油	DBEDC 苯醚甲环唑difenoconazole 环氟菌胺cyflufenamid+氟菌唑triflumizole（silver star 油） 异丙二酮iprodione 四氟醚唑tetraconazole 氟菌唑triflumizole环酰菌胺fenhexamid+双胍三辛烷基苯磺酸盐iminoctadine tris氟硅唑flusilazole 咪鲜胺锰Prochloraz Mn	已唑醇hexaconazole 叶菌唑metconazole 多菌灵carbendazim，乙霉威diethofencarb 咯菌腈fludioxoni 环氟菌胺，cyflufenamid，已唑醇hexaconazole，甲基硫菌灵thiophanate-methyl， 速克灵procymidone 硅氟唑simeconazole
有机农业器材	硫黄	枯草芽孢杆菌	木霉属腐蚀　木霉trichoderma harzarum 芽孢杆菌Bacillus

登记的草莓杀虫剂对蜜蜂的安全性

安全的药剂	有害隐患农药（药剂使用后安全期）			
	1天	3天	7天	不能使用
啶虫脒（acetamiprid）（xinX、moseupilan），噻虫啉（thiacloprid）（kaerlimsuo），乙螨唑（etoxazole）（zuom），氟虫脲（flufenoxuron）（cascade），弥拜菌素（milbemectin）（mibienokeu），灭螨醌（acequinocyl）（ganemayite），氟啶虫酰胺（flonicamid）（cetiseu）甲氧虫酰肼，（methoxyfenozide）（paerkon、renner），氟啶脲（chlorfluazuron）（atabeuron）	螺甲螨酯（spiromesifen）（jizoon）	吡螨胺（tebufenpyrad）（pilanika） 甲维盐（emamectin benzoate）（AEpam）	甲氰菊酯（fenpropathrin）（danitor） 茚虫威（indoxacarb）（seutueteugolede）	呋虫胺（dinotefuran）（ouxin），阿维菌素（abamectin）（aullseuta），联苯菊酯（bifenthrin）+吡虫啉（imidacloprid）（chenhamuzex），啶虫脒（acetamiprid）+茚虫威（indoxacarb）（armmeyite）

* 对蜜蜂的毒性很强：虱螨脲（Lufenuron）（meyqi、pabangtan）溴虫腈。

草莓主要病害

商标名	病害				特性		
	炭疽病	枯萎病	白粉病	灰霉病	预防	治疗	渗透性
mitoseu			○	○	○		
Bogade	○		○		○	○	○
Butana Teilent	○			○	○		
Superberry Tanzezabi	○			○	○		
Sporogony Miniup	○	○	○	○	○	○	○
Cabeliou	○		○		○	○	○
Kantuseu			○	○	○	○	○

草莓收获期病虫害防治历

时期		9月		10月			11月			1月			2月			3月		
		中	下	上	中	下	上	中	下	上	中	下	上	中	下	上	中	下
病虫害		炭疽病、蕈蚊	炭疽病、疫病、蕈蚊	白粉病、螨类	炭疽病、螨类、蚜虫、蕈蚊	白粉病、蚜虫	白粉病、蚜虫			灰霉	灰霉	灰霉	蚜虫	螨类、蚜虫		螨类	螨类	蓟马
绿色防治	炭疽病	Superberry 灌注	Superberry 灌注	Superberry	Super-berry													
	枯萎病	水溶性硅（灌注）	Coside（灌注）	Coside（灌注）														
	白粉病			Hwang-hwasan	Gadeu-pang	Gadeu-pang	jidamyou-Hwang+oli										Gadeupang	Gadeu-pang
	灰霉病									Super-berry	Seuleana-deamax	Super-berry						
	蕈蚊		昆虫寄生线虫	昆虫寄生线虫	尖狭下盾螨													
	蚜虫				Chamjin	灭虫队长	organicgold		科列马·阿布拉小蜂				绿猎人	Chamjin			绿猎人	Chamjin
	螨类			Weong-aetan	deayou-peulaze-umanim	智利小植绥螨（选择项）		智利小植绥螨（选择项）						sageuli		Weong-gutan	Weonggutan	sageuli
	蓟马																东亚小花蝽	东亚小花蝽

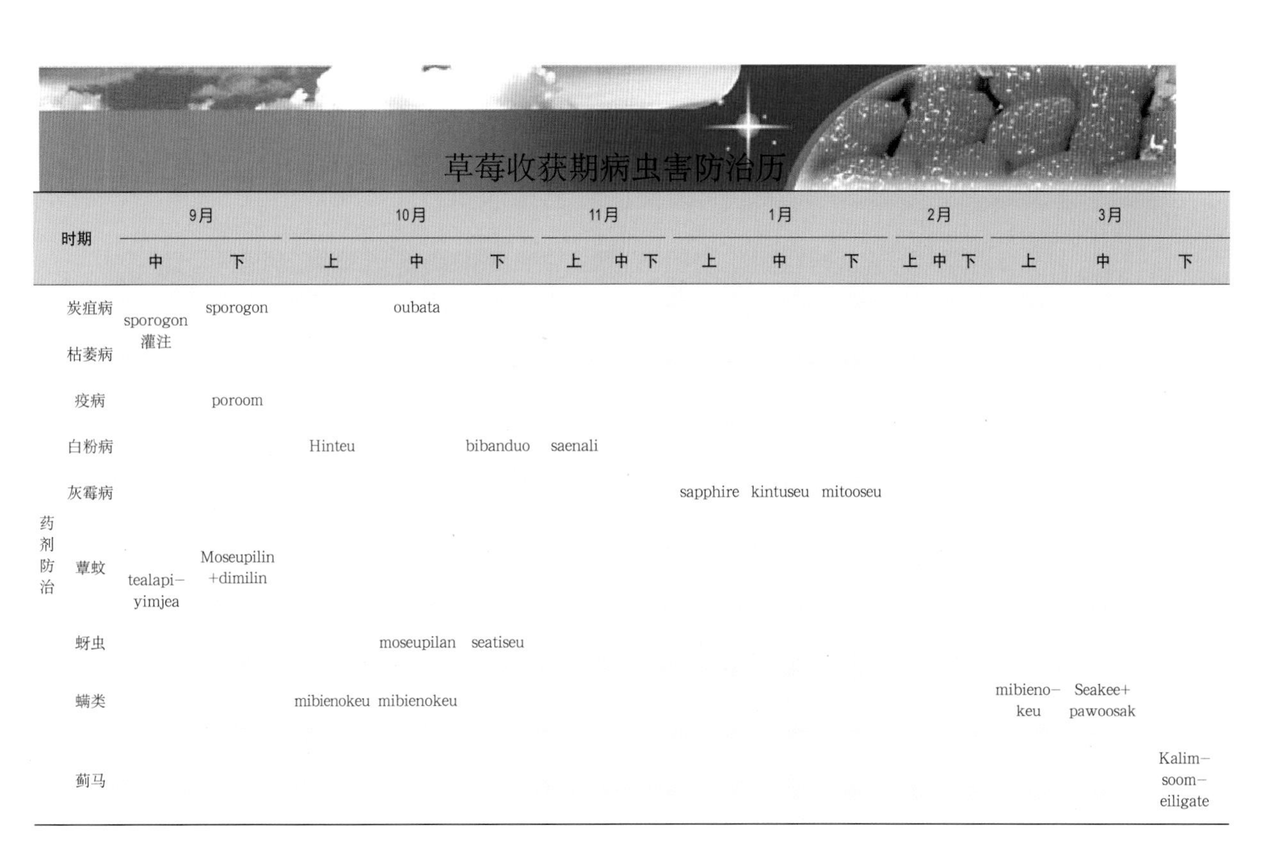

草莓收获期病虫害防治历

时期		9月		10月			11月			1月			2月			3月		
		中	下	上	中	下	上	中	下	上	中	下	上	中	下	上	中	下
药剂防治	炭疽病	sporogon 灌注	sporogon		oubata													
	枯萎病																	
	疫病		poroom															
	白粉病			Hinteu		bibanduo	saenali											
	灰霉病									sapphire	kintuseu	mitooseu						
	蕈蚊	tealapi-yimjea	Moseupilin +dimilin															
	蚜虫				moseupilan	seatiseu												
	螨类			mibienokeu	mibienokeu											mibieno-keu	Seakee+ pawoosak	
	蓟马																	Kalim-soom-eiligate

日照不足造成了发芽

ProCheck

The Little Mouse,
The Red Ripe Strawberry, and
THE BIG HUN
嘘！不要对任何人讲这些草莓的秘密……
谢谢！

四、ICT智能农场及自助金事业

智能农场／自助金事业 **李强旭**科长

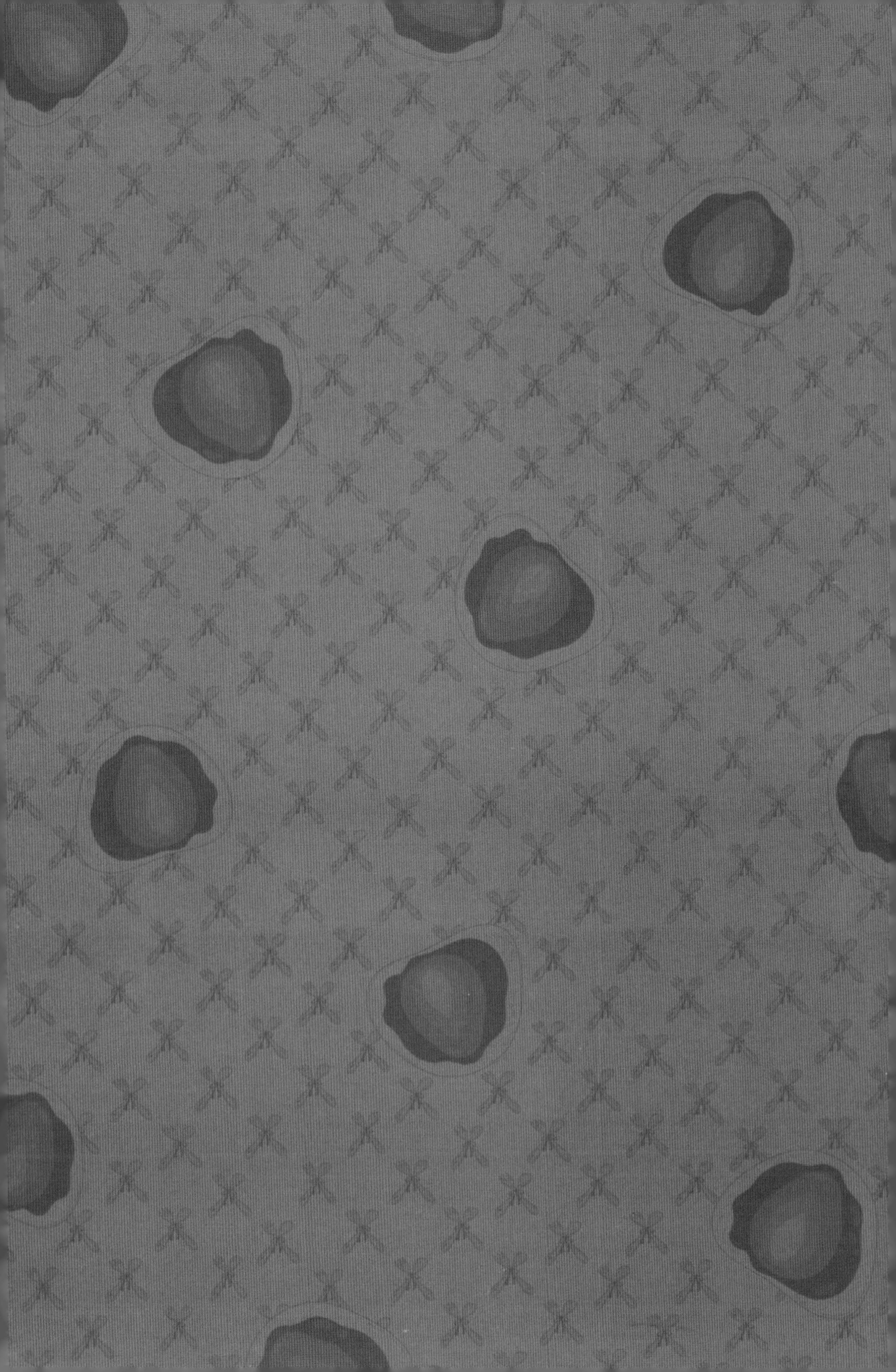

什么是智能农场

Smart Farm

不仅是ICT（Information&Communication Technology），还结合节能技术、LED补光技术、机械工程学等最新的科学技术，提升农业的生产性和便利，在生产前和生产后都能实现创新的农场

畜牧业普及现状：186处；政府普及目标（2017年）：730户（专业农户的10%）

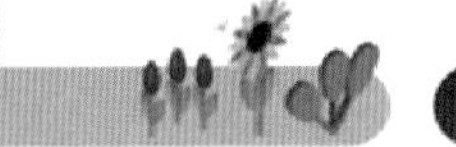

设施园艺普及现状：1 258公顷（包括农户自行安装，2015年累计）；政府普及目标（2017年）：4 000公顷（现代化设施的40%）

智能农场概要

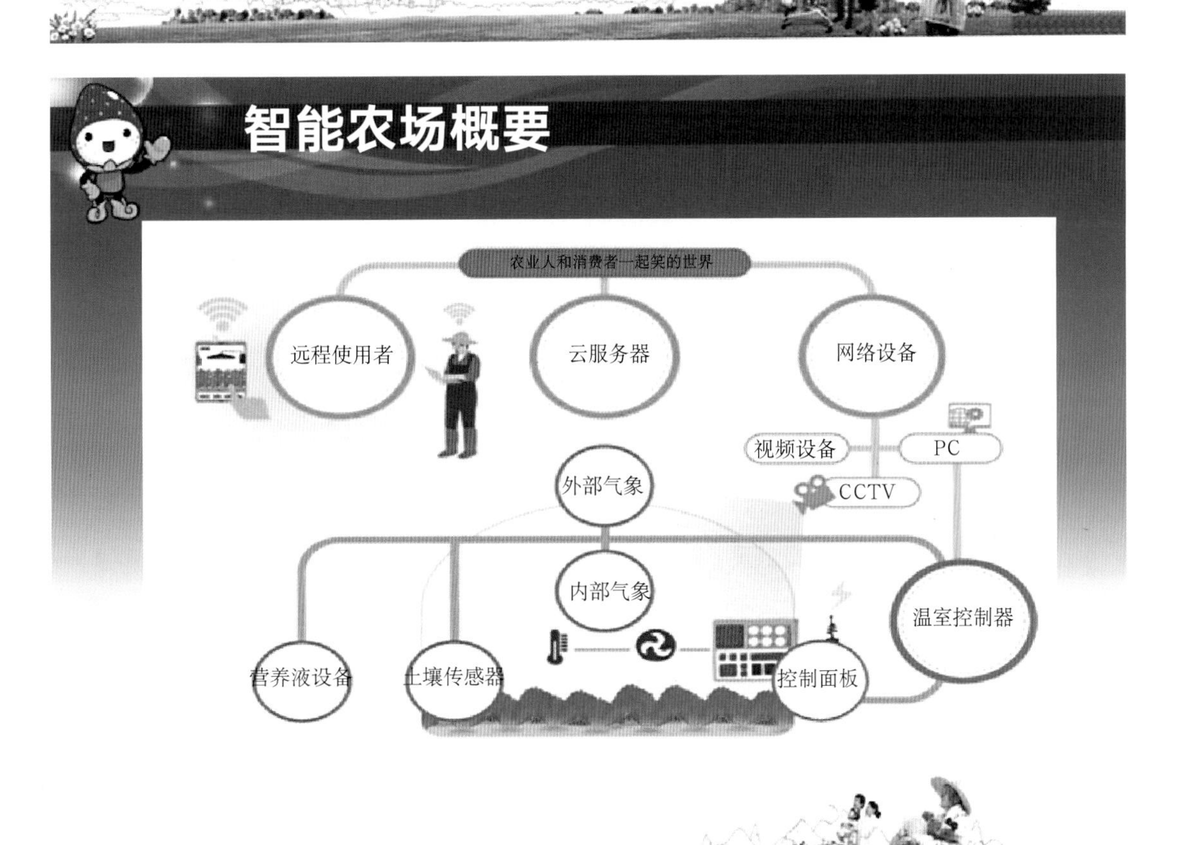

韩国政府的设施园艺政策事业概要

2016年政府的设施园艺政策事业预算

事业名		主要内容	预算（百万元）	支援比例（%）
设施园艺ICT融复合扩散		温湿度管理等创造最佳生育环境所必需的环境控制设施	10 500	国库20/融资30/地方承担30/自行承担20
设施园艺现代化		营养液栽培设备，自动开关机等温室及育苗工程设施现代化	50 800	
农业能耗利用效率化	节能设施	多层保温帘、自动保温盖等	28 739	
	新能源设施	地热、地中热制冷取暖设施等	23 629	国库60/融资10/地方承担20/自行承担10
		木材颗粒取暖器		国库30/融资20/地方承担30/自行承担20
尖端温室新建支援		温室内包括营养液栽培设施等铁架及自动塑料温室的新建	100 000	融资100
合计		—	213 668	

韩国政府的设施园艺政策事业概要

园艺部分智能农场扩散事业

领域	事业内容
 智能温室	为了维持和管理作物的最佳生长环境，通过电脑或手机监控温室的温湿度和CO_2；用远程和自动装置，控制窗户的开关、养分的供应等 ● 安装费：20百万元/0.3公顷（5栋温室规模） ● 支援条件：国家承担20%，融资30%，地方承担30%，自行承担20%
 智能果园	通过电脑和手机监控温湿度和气象情况，用远程和自动进行灌水，病虫害管理等 ● 安装费：20百万元/公顷 ● 支援条件：国家承担20%，融资30%，地方承担30%，自行承担20%

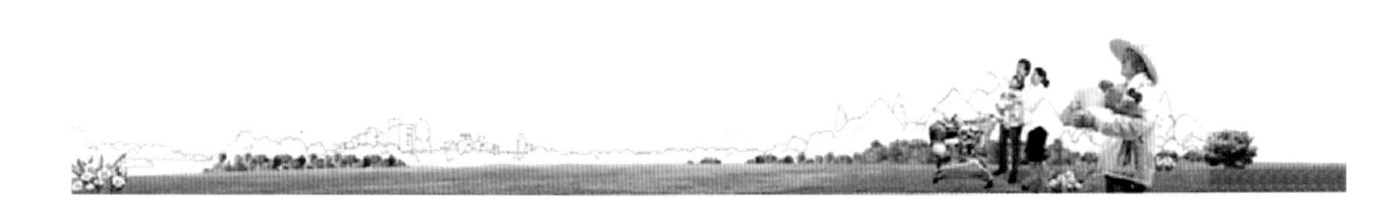

韩国政府的设施园艺政策事业概要

选定事业对象

〈例〉智能农场：设施园艺ICT融复合事业

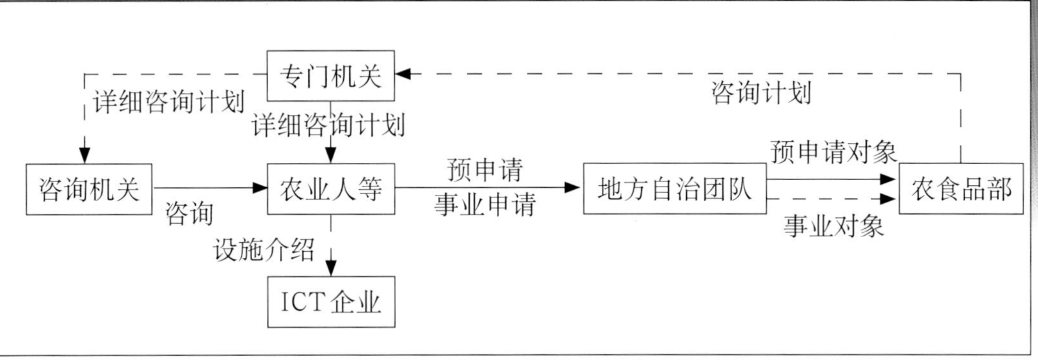

详细内容咨询地方自治团队（行政机关）设施园艺负责人

农协的作用

利用《创造经济农业支援中心》的智能农场扩散

智能农场模型（温室，畜舍）安装及运营，作为ICT尖端技术培训场所来运营

开展智能农场专门培训课程，—番茄、彩椒、养猪

支援以农业人为对象的智能农场学习组织的结成

什么是资助金？

义务地或自发地出资，用于特定目的的制度性基金

○ 自助金的目的：生产者团队自发地通过促进农产品的消费，扩大销路，调整供需，确保市场交涉能力

— 比起生产，重点放在消费宣传、促进出口、培训等的制度

○ 我们国家1992年开始，以养猪和产蛋鸡为开始，在总共38个品目上运营自助金制度

○ 生产者募集积少成多的基金，为了共同的利益，实施消费促进、宣传事业等

自助金由谁来承担？

自助金的承担

○ 自助金的承担：栽培农业人（最终受惠人）

— 畜牧领域：以义务自助金，原则是农户承担

— 园艺领域

* 农户承担：按品目，由团队决定，由农户出资
* 农户＋农协缴纳：部分由农户承担，部分由农协承担
* 农协代缴：农户零散，对自助金的宣传不足由农协代缴

○ 缴纳方法：由农产品销售货款中扣除等方式缴纳

— 由农协代缴时，由农协预算缴纳

政府2013.3.23日开始实施“农水产自助金组成及运营相关法律”
“农产品领域农水产自助金管理及运营要领”由农食品部制定公示

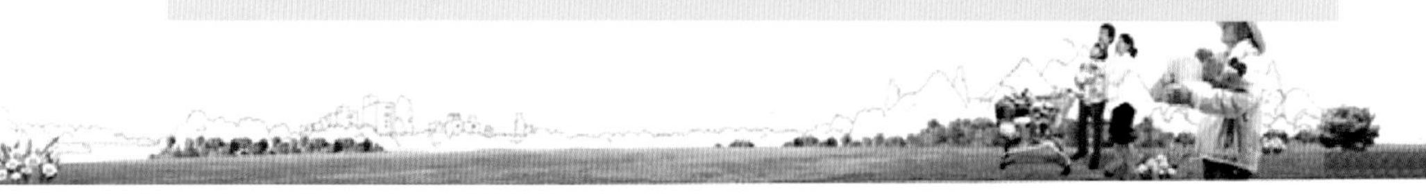

自助金由谁来承担？

自助金出资方法（事例）

○ 出资方法（事例）

— 方法1：在销售货款项里征收一定金额

* 销售货款结算时，在扣除栏里新增自助金一栏，进行扣除

例：每箱20 000元 ×0.5% =100元

— 方法2：在销售奖励中征收

* 集贸市场的销售奖励中的一部分作为自助金缴纳额征收

— 方法3：直接选举产业

自助金的用途

符合自助金用途的事业种类

○ 消费宣传事业

— 宣传：TVPPL、广播、报纸、网络病毒营销

— 促销活动：流通企业促销活动、开展庆祝活动、参加各种促销活动

○ 促进出口

— 海外促销及支援出口

○ 培训事业

— 生产技术教育及自助金相关的教育

○ 调查研究

— 调查研究外包、自助金事业成果评估（义务事项）

2015年
草莓自助金事业结果
消费宣传
促进出口
培训

消费宣传——TV PPL

KBS 2 2TV 早晨、早间新闻时间
SBS 现场直播今天、生活经济
O'liveTV Olive show（橄榄直播）2015、no oven dessert

消费宣传——TV PPL

CBS CBS 金必媛的12时见面
频率：音乐FM 93.9MHZ
首尔，首都圈／庆南地区代表音乐广播
播出日期：2015.12.01(周二) ~12.31(周四)
播出日间：1，2，3部之后（13:55）

播出剧本
用又甜又酸草莓让无精打采的下午也充满活力，韩国草莓生产者代表组织提供草莓饮料

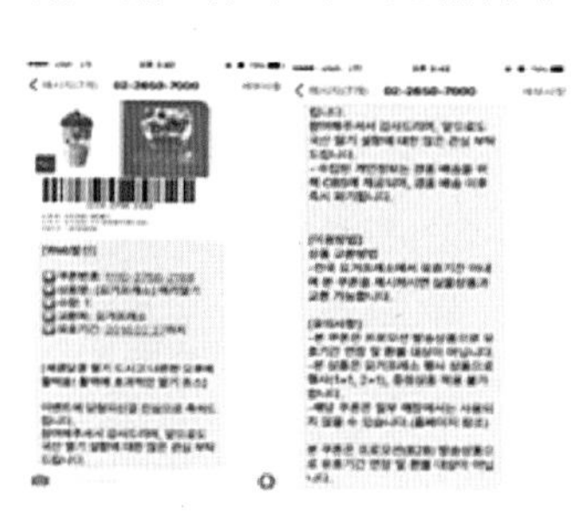

消费宣传——女性杂志（女性感觉12月号）

女性感觉制作草莓配方附录
明星主妇：李尹美
发布日期：2015年12月号

消费宣传——草莓甜点日

使用100%雪香的建国大学传统甜点咖啡馆雪冰进行
日期：2015年12月17日

消费宣传——利用社区交友和活跃博客进行宣传

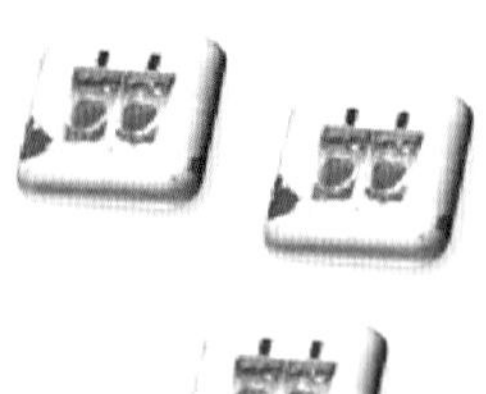

消费宣传——利用社区交友和活跃博客进行宣传

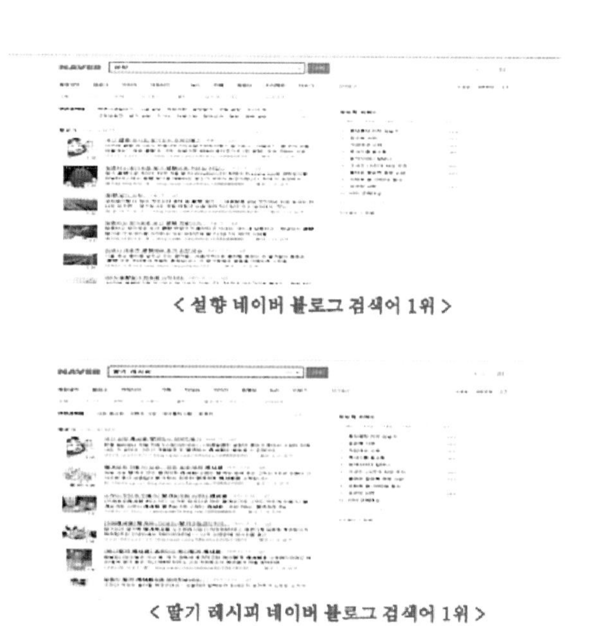

< 설향 네이버 블로그 검색어 1위 >

< 딸기 레시피 네이버 블로그 검색어 1위 >

促进出口

促进出口 /2015 年韩国
草莓香港推销

全国单位集合巡回培训

栽培技术教育/
晋州/合川/潭阳/
山清/论山

谢 谢 !